高等院校化学化工类专业系列教材

Physical Chemistry Experiment

物理化学实验

■主 编 赵雷洪 罗孟飞
副主编 王月娟 黄建花

前　言

《物理化学实验》教材被浙江省教育厅列为“十一五”浙江省重点教材，经过两年时间的酝酿与写作，现在总算有了一个初步交待。这两年中，编写者就本教材的编写理念、编写思路、编写提纲、编写体例、编写内容等方面与同行进行过多次讨论，虽然现在呈现给读者的仍是有很大提升空间的一本教材，但其中融入了编写者的一些思考和实践：删除了大部分同类教材中的误差分析、常用仪器的介绍，因为编写者认为这些内容已不能很好地反映现在物理化学实验教学的实际情况或不是物理化学实验教学应承担的任务；增加了一些大型仪器简介，因为这些仪器在物理化学研究中起着举足轻重的作用，编写者认为有必要作一介绍；在编写体例方面，编写者增加了实验技能、拓展内容，希望通过增加这两块内容的学习，学生在实验过程中能提高技能和扩大视野。本教材是在浙江师范大学物理化学教研组2008年编写的《物理化学实验》的基础上重新编写而来的。磁化率的测定、二氧化碳临界状态观测及$p-V-T$关系、溶液法测定极性分子的偶极矩、振荡反应等由浙江理工大学黄建花教授编写；实验技术部分由浙江师范大学罗孟飞研究员编写；其余实验由浙江师范大学物理化学教研组的赵雷洪教授、王月娟教授、蓝尤钊博士、温一航博士、程建文博士等老师编写。华东师范大学朱传征教授、南京师范大学周益明教授、绍兴文理学院许映杰博士对书稿进行了审议，并提出了一些建设性的建议和意见，编写者对几位专家学者的辛勤劳动表示衷心的感谢！教材中如还有待改进之处，恳请各位读者指出，以便我们在重印时改正，不胜感谢！

目　　录

第1章　绪　论 …… 1

第2章　实验项目 …… 9

实验一　燃烧热的测定 …… 9

实验二　溶解热的测定 …… 13

实验三　二氧化碳临界状态观测及 $p-V-T$ 关系 …… 17

实验四　二组分简单共熔体系相图的绘制 …… 22

实验五　双液系的气-液平衡相图的绘制 …… 24

实验六　液体饱和蒸气压的测定 …… 29

实验七　凝固点降低法测定摩尔质量 …… 31

实验八　蔗糖水解速率常数的测定 …… 36

实验九　乙酸乙酯皂化反应 …… 39

实验十　振荡反应 …… 44

实验十一　弱电解质电离常数的测定 …… 47

实验十二　电池电动势的测定 …… 50

实验十三　临界胶束浓度的测定 …… 54

实验十四　表面张力的测定 …… 57

实验十五　磁化率的测定 …… 61

实验十六　溶液法测定极性分子的偶极矩 …… 67

实验十七　流动法评价催化剂活性 …… 72

实验十八　过氧化氢催化分解反应 …… 76

实验十九　BET 容量法测定固体的比表面积 …… 79

实验二十　X 射线粉末衍射图谱的测定 …… 83

实验二十一　胶体制备和电泳 …… 87

第 3 章　实验技术 …… 92

3.1　BET 比表面积测定技术 …… 92

3.2　X 射线粉末衍射技术 …… 93

3.3　X 射线光电子能谱技术 …… 94

3.4　红外光谱技术 …… 96

3.5　同步热分析技术 …… 98

3.6　核磁共振技术 …… 99

3.7　扫描电子显微镜 …… 101

3.8　Origin 基础知识 …… 103

附　录 …… 109

1　国际单位制(SI) …… 109

2　物理化学实验常用数据表 …… 110

参考文献 …… 115

第1章

绪　论

一、实验目的

物理化学实验是一门独立的化学基础课程，其主要目的是：

1. 学习和了解物理化学的实验原理、方法和实验技术，培养实验的设计、仪器的选择和操作能力。

2. 培养观察能力，掌握科学记录实验数据、规范列表、作图等数据处理方法。

3. 提高运用物理化学理论解决一些常见化学问题和实际问题的能力。

二、实验要求

1. 预习实验原理、相关的实验技术和仪器的使用方法，领会操作要点及求索实验思考问题，并在实验记录本上设置好原始数据记录表格。

2. 实验课准时签到并认真听取教师的指导意见，严格控制实验条件和忠于原始记录，培养良好的记录习惯和整洁有序、安全操作、勤于思考的实验作风。

3. 认真书写实验报告。实验报告内容包括：实验目的、简要原理、装置简图与实验步骤、数据记录与处理、误差分析与实验讨论。讨论内容主要是结合实验现象，分析和解释误差的主要来源，以及对于实验方法、仪器和操作方面的改进意见。

4. 实验报告必须个人独立完成。

三、实验室安全

1. 安全用电

(1) 正确认识是交流电还是直流电，单相电还是三相电，电源正、负极，电压、电流及功率大小。

(2) 当待测量大小不清楚时，先从仪表最大量程开始，安全使用仪器。

(3) 不论对接线或安装是否有充分把握，正式实验前，根据线路接通一瞬间仪表的指针摆动方向加以判别，以保无误。

(4) 养成不进行测量时断开记录仪走纸开关、人走关闭电源等好习惯。

关于触电

人体的电阻因穿着而异。皮肤出汗时，约为1kΩ；如着装、鞋袜有较大的电阻，则可达MΩ数量级。一般人体对电的感觉如表1.1所示。

表 1.1　人体电感应列表

电流					电压	
有感觉	一触缩手	肌肉强烈收缩	难脱导体，危及生命	难以救活	安全	危险
1mA	6～9mA	10mA 以上	50mA 以上	100mA	36V	50V

2. 防毒

(1) 注意：苯、硝基苯、四氯化碳、乙醚等有机蒸气会导致嗅觉减弱并引起中毒。

(2) 若有有毒气体，应在通风橱中进行。

(3) 注意：苯等有机溶剂及汞能穿过皮肤进入体内。

(4) 高汞盐、可溶性钡盐、重金属盐以及氰化物、三氧化二砷等剧毒物应当妥善保管。

(5) 不得在实验室内喝水、抽烟、吃东西。饮用食具不得带到实验室内，以防毒物沾染。

3. 防爆

可燃性气体和空气的比例处于爆炸极限时，只要有一个适当的热源(如电火花)诱发，将引起爆炸，应尽量防止苯、乙醇、乙醚、乙酸乙酯等气体散失到室内空气中。

4. 防火

苯、乙醇等有机物易燃，室内不能有明火及隐患，注意这些废液的回收处理。切不可倒入下水道，以免导致积聚，引起火灾。高压钢瓶、可燃气体分别放置，减压阀门不能混用，重视防火防爆。万一失火，用砂子、灭火器隔绝氧的供应，应了解各种不同物质燃烧时的灭火常识。

5. 防水

对于防水淋浸仪器，停水时要检查水龙头有否关闭，实验完后记得关水。

做实验时更重要的是要做好实验预习，实验时心中有数，按规则操作，而不是想当然。

四、物理化学实验的评价

物理化学实验是化学专业一门重要的课程，它综合了化学领域中所需要的基本研究工具和方法，具有综合性与研究性较强、定量化程度较高的特点。物理化学实验的主要目标是使学生掌握物理化学实验的基本方法和技能；培养学生正确记录实验数据和现象、正确处理实验数据和分析实验结果的能力；使学生掌握有关物理化学的原理，提高其灵活运用物理化学原理的能力；培养学生独立从事科学研究工作的能力。

如何将这个目标转化成可操作的教学行为，并按目标客观地评价实验教学的效果及学生掌握的情况是一个很值得研究的问题。传统的实验在评价标准方面，过多强调共性和一般趋势，忽略了个体差异和个性化发展的价值。实验课程的成绩以实验报告成绩和期末考试成绩为依据，成绩合格就取得相应的学分，无形中造成了师生重成绩轻能力的现象，无法保证实验教学质量。在评价方法方面，以传统的纸笔考试为主，仍过多地倚重量化的结果，而很少采用体现新评价思想的、质性的评价手段与方法。这种评价方法不能体现物理化学实验的综合性的特点，不能反映学生是否初步掌握了实验原理和具体的实验操作，以及是否学会了实验研究的工作方法，容易使学生停留于“依葫芦画瓢”、能得到较好的实验结果和成绩就心满意足的低层次，而忽视对实验的整体设计思想及其相关要素这一物理化学实验精髓的理解，也在很大程度上影响了他们的知识、技能向科研能力的转化，不利于创新能力的培养。有效的评价能促进学习，当人们看到自己努力学习的效果时就会自主增强学习行为。很多研究表明，有效评价(即及时反馈)是学习本身固有的成分，并能激发学习兴趣。为了全面达到物理化学实验课的教学目的，发挥学生作为学习主体的主观能动性，促进学生创新能力的逐步形成，物理化学实验评价必须从实验成绩检验方法单一、注重量化评价而忽视质性评价的误区中走出，才能提高实验教学的效果。我们建议在物理化学实验的评价中引进PTA(基本要素分析)量表法。

基于物理化学实验评价的多层次性和评价应注重于实验过程的特点，以下以“乙酸乙酯皂化反应”为例说明 PTA 量表在物理化学实验评价中的具体应用。

1. 实验能力要素的确定

(1) 实验态度

实验态度体现学生对实验的重视程度，它直接影响着学生的学习心理和学习效果。而当今大学生学习的积极性和主动性不足具有普遍性，自觉控制自己学习行为的能力较差，而且容易受环境影响。因此，将学生平时的实验态度作为实验能力评价要素就显得很有必要。实验态度包含以下几方面：实验出席、预习报告的书写、实验课堂的参与、实验过程和小组其他成员的合作交流等。

实验课堂参与主要可以体现在实验教学时教师对实验的讲解过程中学生和教师之间的互动，学生不仅应该认真听教师的讲解，更重要的是能积极回答教师提出的一些问题，并能通过实验预习自己提出问题，带着问题来到课堂，在课堂上大胆提出自己的问题并与老师和其他同学共同探讨。教师在讲解过程中对学生这种积极的实验态度适时做出正确的鼓励性评价，能有效地促进学生的发展和良好的实验态度的形成。

(2) 实验仪器及药品

物理化学实验区别于其他实验教学的特殊性就是实验装置、仪器与实验数据定量化的特点。由于物理化学实验选题几乎全部是通过仪器的操作去获取定量的实验数据，所以在实验中让学生接触大量的仪器设备，了解所用仪器的基本构造、工作原理及性能是十分必要的。

实验药品是实验顺利进行的必要保证。在实验前应该明确该实验用到的药品种类及对各种药品的要求，比如药品纯度、试剂浓度的要求。

(3) 实验操作

为培养创新人才，应注重过程性评价，而实验操作是实验过程的一个重要内容，是任何实验教学强化培养的最根本能力，它是由实验教学的根本目的所决定的，故在此把实验操作作为评价的一个主要要素。

实验操作评价有这样的特点：方法的开放性、内容的真实性、标准的多重性、评价的主观性、评价的即时性、结论的模糊性。

实验操作可以从实验仪器的使用、实验操作规范、实验数据的记录等几个方面考查。

(4) 实验安全及卫生

实验安全是一个不容忽视的问题，学生应该了解实验中存在的危险，在实验中按要求操作，确保实验的安全，具备必要的安全知识，能较好地处理实验中出现的紧急事件，保障人身安全。实验中保持实验室的卫生、实验桌面的清洁、药品的整齐。

(5) 实验报告

实验报告是实验结果的静态表现形式，不仅体现了学生分析问题和解决问题的能力，而且一定程度上反映了学生对实验的掌握水平和实际能力。它使学生在实验数据处理、作图、误差分析、问题归纳等方面得到训练和提高。

物理化学实验报告的内容大致可分为：实验目的和原理、实验装置、实验条件、实验步骤、实验原始数据、数据的处理与作图、结果和讨论等。

(6) 实验思考

实验思考不仅仅是以书面形式在实验报告中体现对实验教材上“思考题”的回答，更应该是在整个实验过程中开动脑筋，并对实验操作原理和步骤进行思考，所以应把实验思考作为一个独立的评价要素。

2. “乙酸乙酯皂化反应”实验评价 PTA 量表的制定

在确定物理化学实验评价构成要素的基础上，我们结合在实验教学中的经验及学生的实际情况，为每一个要素编制 2～5 个水平的量表，以描述每一个表现水平。同时，我们依据各要素在实验评价中的作用与贡献、本科生的具体执行情况、其他教师的意见，赋予各要素不同的权重，制定出等级评定方案与各个不同水平的分数，从而制定 PTA 量表(表 1.2)。

表 1.2 “乙酸乙酯皂化反应”实验评价 PTA 量表

要素	权重	评价要点	评价等级
实验态度	10 分	1. 不迟到，不早退，不旷实验课，遵守实验纪律及实验规则。 2. 实验前做了预习工作，有完整的预习报告，报告整洁规范。 3. 预习报告中的实验步骤不是“照方抓药”，而是在理解的基础上归纳总结。 4. 实验中团结互助、协作配合，能够与他人探讨和交流，能诚恳地对同学、老师提出建议。 5. 能够对自己在实验活动中的行为进行反思和评价。	水平三(10 分)：基本达到 5 个评价要点； 水平二(8 分)：未达到评价要点 5，缺乏对实验活动的反思和评价； 水平一(6 分)：基本达到水平二，但预习不够充分，预习报告不完整，缺乏归纳实验步骤的能力。
实验仪器及药品	5 分	1. 对实验中用到的药品心中有数，如知道 NaOH 溶液的浓度。 2. 能正确计算配制 100mL 与 NaOH 溶液浓度相等的乙酸乙酯溶液所需的乙酸乙酯(AR)的量。 3. 了解本实验涉及的仪器，如电导仪的型号等。 4. 了解电导仪的构造及其使用注意事项。 5. 了解恒温槽的使用、温度的设定方法。	水平二(5 分)：基本达到 5 个评价要点； 水平一(3 分)：未达到评价要点 2，不能计算出配制 100mL 与 NaOH 溶液浓度相等的乙酸乙酯溶液所需的乙酸乙酯(AR)的量。

续表

要素	权重	评价要点	评价等级
实验操作	30分	1. 能正确配制 0.02mol·L^{-1} NaOH 溶液，正确使用移液管，专管专用，操作规范。 2. 乙酸乙酯溶液配制过程中操作步骤正确，先在容量瓶中加少量电导水，乙酸乙酯直接滴加到液面上。 3. 了解电导仪的校正方法及温度挡的设定方法。 4. 正确选择电导仪量程。 5. 能正确使用 Y 形管，两种溶液混合均匀。 6. 使用秒表计时要及时，确定时间间隔。 7. 电极使用前需要洗涤，在实验测量时需擦干后再一直正确地放在溶液中。 8. 电导仪的读数及时、准确，并做好记录。	水平五(30分)：基本达到8个评价要点； 水平四(26分)：未达到评价要点4，电导仪量程的选择不熟练，需要同学或老师的帮助； 水平三(22分)：未达到水平四，且乙酸乙酯溶液配制时操作步骤错误，没有先在容量瓶中加入少量二次水； 水平二(18分)：基本上达到水平三，但实验中各个步骤的操作还不够熟练，如溶液配制过程中操作不规范，Y形管中两种溶液的混合不够均匀； 水平一(14分)：整个实验操作过程中存在较大问题，未能掌握基本实验操作技能。
实验安全及卫生	10分	1. 使用恒温槽之前检查水位是否适当。 2. 不用湿的手接触电源插座。 3. 实验台面及抽柜内仪器、药品摆放整齐，台面清洁，不乱倒废液。 4. 实验结束关闭电导仪开关，切断电导仪和恒温槽电源。 5. 实验结束清洗电极，并把电极置于装有蒸馏水的小烧杯中。	水平三(10分)：基本达到5个评价要点； 水平二(8分)：未能做到评价要点5，未把电极置于装有蒸馏水的小烧杯中； 水平一(6分)：未能做到评价要点4和5，不仅没有把电极置于装有蒸馏水的小烧杯中，还忘记切断电源，安全意识不够。
实验报告	30分	1. 报告安排有逻辑、有条理。 2. 实验目的明确，知道此实验是测定乙酸乙酯皂化反应的级数、速率常数和活化能。 3. 理解实验原理，能推导出 $\lg(k/[k])=-E_a/(2.303RT)+C$。 4. 能通过自己查阅文献，找出[$k$]的值。 5. 实验条件(如温度)记录准确。 6. 掌握实验步骤并在实验报告中简要说明。 7. 实验数据表设计合理，数据不乱涂改，不造假。 8. 能用 Excel 或 Origin 处理数据并作图。 9. 根据图表计算相应温度下的 k 值。 10. 计算出活化能 E_a。 11. 能进行实验误差分析，区分仪器误差和人为操作误差。 12. 在实验报告中总结实验过程中产生的问题并努力找出解决方案。	水平五(30分)：基本达到12个评价要点； 水平四(26分)：未能达到评价要点8，未能把计算机技术运用于实验数据的处理中； 水平三(22分)：未能达到评价要点8和12，不仅只是手工处理实验数据，而且实验报告未体现对实验的总结； 水平二(18分)：未到达水平三，对实验的误差分析不全面，没有自己查阅文献找出[k]的值； 水平一(15分)：实验报告缺乏条理，只能达到12个评价要点中的4～6个。

续表

要素	权重	评价要点	评价等级
实验思考	15分	1. 知道为何要把 $0.02mol \cdot L^{-1}$ 的 NaOH 溶液稀释一半再测量。 2. 知道为何可以用电导法测乙酸乙酯的速率常数 k。 3. 知道在配制乙酸乙酯溶液时为何在容量瓶中事先加入适量的蒸馏水。 4. 知道为何实验中乙酸乙酯溶液和 NaOH 溶液的浓度必须足够稀。 5. 知道为何电极使用前需洗涤，在使用时又需一直正确地放在溶液中。 6. 知道为何用不同的电导电极测同一浓度溶液的电导率，结果会有不同。 7. 知道为何作图中起始点与速率常数直线有较大的偏离。 8. 当乙酸乙酯溶液与 NaOH 溶液浓度不同时，计算出 k 值。	水平四(15分)：基本达到8个评价要点； 水平三(13分)：8个评价要素中有1～2个问题不能解决； 水平二(10分)：8个评价要素中有3～4个问题不能解决； 水平一(6分)：只能解决8个评价要素中的4个以下的问题。

3. 运用 PTA 量表的意义及建议

(1) 通过上面的例子，我们可以总结出在实验评价中使用 PTA 量表有以下意义：

① 评价更加可靠、公平，不同的实验老师可以用同一份实验量表，使实验评价标准达成一致；

② 评价涉及的面更广，不仅仅是实验报告，还涉及了实验态度、实验仪器及药品、实验操作、实验安全及卫生、实验思考等方面；

③ 评价效率提高，教师有 PTA 量表后能很快完成对实验的评价；

④ 能具体地诊断学生的优势和不足，以便进行更有效地教学；

⑤ PTA 评价量表在评价要素下列出了一系列二级指标，学生可对照量表找出自己的不足之处，更好地掌握实验。

(2) 在看到此实验评价量表的可取之处的同时，应该意识到实践中存在的问题，在具体运用 PTA 量表对实验评价过程中应该做到以下几点：

① 应该在充分理解实验目的的基础上，根据实验目的确定评价的基本要素，并给予每个要素不同的权重；

② 量表上的指标应该是明确的，可以直接观察或测量的；

③ 制定量表时与其他教师共同探讨，并让学生参与，使得量表更具客观性和诊断性；

④ 评价主体的多样化，在实验评价中采取学生自评、小组互评、教师评价三种评价方式相结合，发挥学生的主体性，调动学生的积极性。

五、实验数据处理

实验数据的表达方法通常有三种：列表法、图解法和方程式法。

1. 列表法

表达原始记录数据，应尽可能采用列表法，并应注意：

(1) 写明表的序号、名称、项目。

(2) 写明项目所表示的物理量(或代号)、单位和因次。

(3) 同列数字要排列整齐，小数点对齐，位数统一，数据应保留一位估读数字，通常采用科学计数法表示。

(4) 原始数据可与处理的结果同列于一张表格内，而将处理方法和公式注在表格的下面。

2. 图解法

图解法可以直观地显示所测量的变化规律，有利于数据的分析比较、经验方程式的推断、物理量的极限值的外推等。

3. 方程式法

可以归纳实验数据的变化规律，用方程式法表达实验数据，通常包含三步：选择方程式，确定常数，检验方程对于实验数据的拟合程度。

(1) 选择方程式

据实验曲线的形状判断属于何类方程，用作图或计算的方法检验方程式与实验数据相符的程度，并进行修正。

(2) 确定常数

借助计算机，用最小二乘法求解一元线性回归方程的斜率和截距这两个常数，使结果更接近于实验的实际值。最小二乘法的原理是将二因素测量数据分成差不多的两大组，使残差平方的代数和最小，即 $\Delta = \sum \delta_i^2$ 最小。

在最简单的情况下，$\Delta = \sum (b + mx_i - y_i)^2$ 最小。

根据函数有极值的条件，必有：

$$\begin{cases} \dfrac{\partial \Delta}{\partial b} = 2\sum (b + mx_i - y_i) = 0 \\ \dfrac{\partial \Delta}{\partial m} = 2\sum x_i (b + mx_i - y_i) = 0 \end{cases}$$

从而解得：

$$m = \frac{n\sum x_i y_i - \sum x_i \sum y_i}{n\sum x_i^2 - (\sum x_i)^2}$$

$$b = \frac{\sum y_i}{n} - m\frac{\sum x_i}{n}$$

所以只要将一一对应的 x_i、y_i 测量值输入程序，计算机就可完成最佳常数的求解。

在曲线的拟合中，方程式中常数的确定方法有三种：

① 曲线方程直线化。往往采用对数法处理，例如化指数曲线 $y = ax^n$ 为直线方程，成为 $\ln y_i = n\ln x_i + \ln a$，以 $\ln y_i$ 对 $\ln x_i$ 作图，求得斜率 n 和截距 $\ln a$。

② 不能直线化的曲线方程,可以借助最小二乘法求极值的原理,整理方程组,求得常数。

③ 将曲线展开成回归多项式来求解常数。

有关后两种方法的更详细的内容,可参阅相关书籍。

第 2 章

实验项目

实验一　燃烧热的测定

一、实验知识点

1. 了解氧弹式量热计的构造与使用方法，掌握量热法的原理。
2. 学会用雷诺校正图校正温度改变值。
3. 明确燃烧热的定义，了解恒压燃烧热与恒容燃烧热的差别及相互关系。

二、实验技能

1. 能够独立完成用氧弹式量热计测定苯甲酸燃烧热的全部实验过程。
2. 学会分析和处理实验中遇到的问题。

三、实验原理

在适当的条件下，许多有机物都能够迅速而完全地进行氧化反应，这就为准确测定它们的燃烧热创造了条件。本实验的基本原理是将一定量待测物质样品在氧弹中完全燃烧，燃烧时放出的热量使量热计本身及氧弹周围介质的温度升高，所以通过测定燃烧前后量热计(包括氧弹周围介质)温度的变化，就可以计算该样品的燃烧热。

燃烧焓的定义：在指定的温度和压力下，1mol 物质完全燃烧生成指定产物的焓变，称该物质在此温度下的摩尔燃烧焓，记作 $\Delta_C H_m$。

$$\Delta_C H_m = \Delta_C U_m + \Delta nRT$$

式中：Δn 是燃烧反应方程式中反应前后气体物质的化学计量数之差，产物取正值，反应物取负值。

燃烧热可在恒容或恒压条件下测定，由热力学第一定律可知，在不做非膨胀功时，$\Delta_C U_m = Q_V$，$\Delta_C H_m = Q_p$。在氧弹式量热计中测定的燃烧热是：

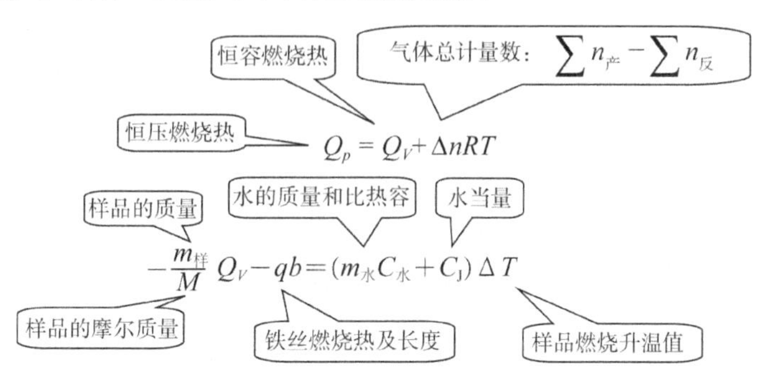

量热计的水当量表示量热计(包括介质)每升高1℃所需要吸收的热量,可以通过已知燃烧热的标准物来标定。已知量热计的水当量后,就可以利用上式,并结合实验数据求得其他物质的燃烧热。

第一次燃烧以苯甲酸作为基准物求水当量 C_J(量热计热容),单位为 $J \cdot K^{-1}$。第二次燃烧测被测物质萘的恒容燃烧热 Q_V,再求算 Q_p。两次升温都利用雷诺校正图求 ΔT 值。

四、仪器和试剂

1. 仪器:氧弹式量热计1套,氧气钢瓶和氧气减压阀各1只,压片机2台,容量瓶(1000mL)1个,万用表1个,电子天平1台,专用点火丝(长20~25cm),直尺和剪刀各1把,多功能控制箱1台等。

2. 试剂:苯甲酸(AR),萘(AR)等。

五、实验步骤

1. 预热仪器

将量热计及全部附件清洗整理,将有关仪器通电预热,在外夹套装满水,通过搅拌让外夹套内水温变得均匀。

2. 制作样品

粗称苯甲酸0.8~1.0g和萘0.6~0.8g,分别在干净的压片机中压成片状,将压片分别在干净的玻璃上轻轻敲两三下,分别进行准确称量。剪取长约10cm的点火丝,将其分别绕在苯甲酸和萘的压片上。

3. 调试多功能控制箱

用容量瓶准确量取3000mL水,加入内筒,切换多功能控制箱温度挡后分别测定内筒水温、外夹套水温和室温。

4. 氧弹装样

将氧弹的弹头置于弹头架上,把点火丝的两端分别缚在弹头的两极上,缚的点火丝不碰杯,保证通路,用万用表测电阻(一般情况下电阻不会大于20Ω)。

5. 氧弹充氧

在氧弹内预注入10mL水,把弹头放入弹杯并拧紧,装上充氧器,缓旋减压阀,慢慢充入氧气至2MPa,取下充氧器后再用万用表检验氧弹是否是通路,若不是通路,则放出氧气,打开氧弹检查。再将氧弹放入水中,检验是否冒气泡,若漏气,则需查明原因。

6. 安装量热计

将氧弹放入量热容器的内筒中,内筒中的水淹至氧弹进气阀螺帽高度的2/3处,并且搅拌棒不能碰到氧弹。

7. 初期记温度

将测温探头插入内筒,按“搅拌”键,数显切换到“温差”后置零。听控制箱报时,每隔30s读数一次,记录10个基线温度数据,至0.001℃精度。

8. 主期点火

将氧弹接上 2 个点火电极。触摸点火开关。每隔 30s 记录温度的升高值，直到温度达最高折点，主期结束。

9. 末期记温度

这一阶段记录温度的目的与初期相同。每隔 1min 记录一次温度，连续读 8 个数据，以明确温度回落基线（雷诺校正图中的走势）。注意：测第二个样品时需换内筒水，重测水温。

10. 准确测定基准试样

热容量准确测定完毕，取出氧弹，用放气帽缓缓放气约 1min，量出未燃尽的点火丝长度，计算实际消耗量。

六、数据处理

将燃烧前后实验测得的温度和时间记录于表 2.1.1 和表 2.1.2，用雷诺图解法（图 2.1.1）求出苯甲酸和萘燃烧前后的温度差 ΔT。

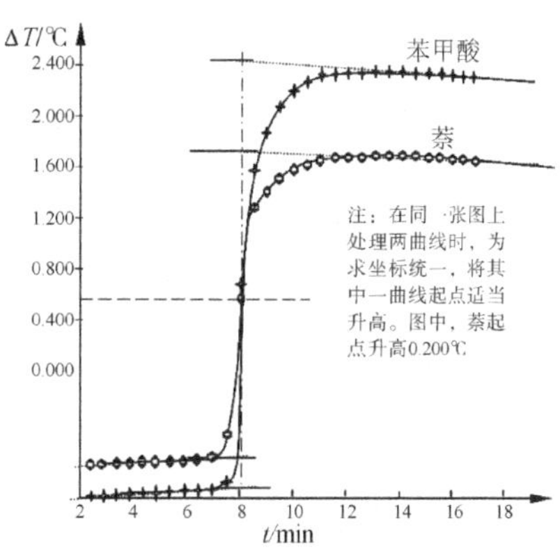

图 2.1.1　雷诺校正图

表 2.1.1　实验数据记录表 1

苯甲酸的质量：________　点火丝的初始长度：________　点火丝的最终长度：________

苯甲酸					
初期记温度(1 次/30s)		主期记温度(1 次/30s)		末期记温度(1 次/1min)	
时间	温度	时间	温度	时间	温度

表 2.1.2　实验数据记录表 2

萘的质量：________　点火丝的初始长度：________　点火丝的最终长度：________

萘					
初期记温度(1 次/30s)		主期记温度(1 次/30s)		末期记温度(1 次/1min)	
时间	温度	时间	温度	时间	温度

七、实验关键

1. 试样应进行磨细、烘干、干燥器恒重等前处理，潮湿样品不易燃烧且有误差。

2. 点火丝与电极接触电阻要尽可能小，注意电极松动和铁丝碰杯短路问题。

3. 充足氧(2MPa)并保证氧弹不漏氧，保证充分燃烧。燃烧不完全时常形成灰白相间、如散棉絮状的燃烧产物。

4. 点火前才将2个电极接上氧弹，再按“点火”按钮，否则因仪器未设互锁功能，极易发生(按“搅拌”按钮或置零时)误点火，样品先已燃烧的事故。

5. 在氧弹内预滴几滴水，使氧弹为水气饱和，燃烧后气态水易凝结为液态水。仪器应放置在不受阳光直射的单独一间实验室内进行工作。室内温度和湿度应尽可能变化小。最适宜的温度是(20±5)℃。每次测定时室温变化不得大于1℃，室内禁止使用各种热源，如电炉、火炉、暖气等。苯甲酸和萘燃烧产物的热容差别因为产物量小而仪器热容的基数相对较大而可以忽略。

八、思考与分析

1. 如何利用萘的燃烧热数据计算萘的标准生成热？

解

$$C_{10}H_8(s)+12O_2(g)=\!=\!=10CO_2(g)+4H_2O(l)$$

$$\Delta_f H_{萘}=10\Delta_f H_{CO_2}+4\Delta_f H_{H_2O}-\Delta_C H_{萘}$$

2. 实验中，如何划分体系和环境？热交换是怎样进行的？

解 体系：氧弹、内筒(包括沉没在水中的一节搅拌棒)和水。环境：外夹套中的水和搅拌器。本法属于普通环境恒温式量热。

热交换是实验的主要误差：水温低于室温的前期，环境向体系放热，引进正偏差(体系升温)；高于室温后，环境吸收体系的热量，引进负偏差。因此，用雷诺校正图进行适当的升温差值校正。

3. 何谓量热计水当量？其单位是什么？

解 体系中除水以外量热计的总热容，用相当于多少克水的热容来定义，水当量就是量热计每升高1℃所需的热量。

水当量用基准物质(优质纯的苯甲酸)来标定，具有实验常用的测仪器常数的意义。其单位是$J\cdot K^{-1}$或$kJ\cdot K^{-1}$，是标准的二级状态函数单位。这与水的比热容($C_水$)的意义和单位都是不同的。

九、拓展内容

1. 说明恒压燃烧和恒容燃烧的区别与联系。

2. 氧弹中为什么要加入10mL水？

3. 用本实验的原理能测定液态可燃物的燃烧热吗？

实验二　溶解热的测定

一、实验知识点

1. 了解用电热补偿法测定热效应的基本原理和方法。
2. 学会用作图法求出硝酸钾在水中的微分溶解热、积分冲淡热和微分冲淡热。

二、实验技能

1. 能够顺利而正确地搭建起实验装置。
2. 独立完成用 NDRH－2S 型微机测定硝酸钾在水中积分溶解热的整个实验过程。
3. 会分析和处理实验中遇到的问题。

三、实验原理

1. 在热化学中，关于溶解过程的热效应，引进下列几个基本概念：

溶解热　指在恒温恒压下，n_2 mol 溶质溶于 n_1 mol 溶剂（或溶于某浓度的溶液）中产生的热效应，用 Q 表示。温度，压力，溶质和溶剂的性质、用量是影响溶解热的关键因素。根据物质在溶解过程中溶液浓度的变化，溶解热可分为积分（或称变浓）溶解热和微分（或称定浓）溶解热。

积分溶解热　指在恒温恒压下，1mol 溶质溶于 n_0（为溶剂与溶质的物质的量之比，即 n_1/n_2）mol 溶剂中产生的热效应，用 Q_S 表示。

微分溶解热　指在恒温恒压下，1mol 溶质溶于无限量某一确定浓度的溶液中产生的热效应，以 $\left(\frac{\partial Q}{\partial n_2}\right)_{T,p,n_1}$ 表示，简写为 $\left(\frac{\partial Q}{\partial n_2}\right)_{n_1}$。

冲淡热　指在恒温恒压下，1mol 溶剂加到某浓度的溶液中使之冲淡所产生的热效应。冲淡热也可分为积分（或称变浓）冲淡热和微分（或称定浓）冲淡热两种。

积分冲淡热　指在恒温恒压下，把原含 1mol 溶质及 n_{01} mol 溶剂的溶液冲淡到含溶剂为 n_{02} mol 时的热效应，亦即为某两浓度溶液的积分溶解热之差，以 Q_d 表示。

微分冲淡热　指在恒温恒压下，1mol 溶剂加入某一确定浓度的无限量的溶液中产生的热效应，以 $\left(\frac{\partial Q}{\partial n_1}\right)_{T,p,n_2}$ 表示，简写为 $\left(\frac{\partial Q}{\partial n_1}\right)_{n_2}$。

2. 积分溶解热（Q_S）可由实验直接测定，其他三种热效应则通过 $Q_S - n_0$ 曲线求得。

设纯溶剂和纯溶质的摩尔焓分别为 $H_m(1)$ 和 $H_m(2)$，当溶质溶解于溶剂变成溶液后，在溶液中溶剂和溶质的偏摩尔焓分别为 $H_{1,m}$ 和 $H_{2,m}$，对于由 n_1 mol溶剂和 n_2 mol溶质组成的体系，在混合前，体系总焓 H 为：

$$H = n_1 H_m(1) + n_2 H_m(2)$$

设混合后总焓 H' 为：

$$H' = n_1 H_{1,\mathrm{m}} + n_2 H_{2,\mathrm{m}}$$

因此溶解过程热效应 Q 为：

$$Q = \Delta_{\mathrm{mix}} H = H' - H = n_1[H_{1,\mathrm{m}} - H_{\mathrm{m}}(1)] + n_2[H_{2,\mathrm{m}} - H_{\mathrm{m}}(2)]$$
$$= n_1 \Delta_{\mathrm{mix}} H_{\mathrm{m}}(1) + n_2 \Delta_{\mathrm{mix}} H_{\mathrm{m}}(2)$$

式中：$\Delta_{\mathrm{mix}} H_{\mathrm{m}}(1)$ 为微分冲淡热；

$\Delta_{\mathrm{mix}} H_{\mathrm{m}}(2)$ 为微分溶解热。

根据上述定义，积分溶解热 Q_{S} 为：

$$Q_{\mathrm{S}} = \frac{Q}{n_2} = \frac{\Delta_{\mathrm{mix}} H}{n_2} = \Delta_{\mathrm{mix}} H_{\mathrm{m}}(2) + \frac{n_1}{n_2} \Delta_{\mathrm{mix}} H_{\mathrm{m}}(1)$$
$$= \Delta_{\mathrm{mix}} H_{\mathrm{m}}(2) + n_0 \Delta_{\mathrm{mix}} H_{\mathrm{m}}(1)$$

以 Q_{S} 对 n_0 作图，可得图 2.2.1 所示的曲线关系。在图 2.2.1 中，AF 与 BG 分别为将 1mol 溶质溶于 n_{01} mol 和 n_{02} mol 溶剂时的积分溶解热 Q_{S}；BE 表示在含有 1mol 溶质的溶液中加入溶剂，使溶剂量由 n_{01} mol 增加到 n_{02} mol 过程的积分冲淡热 Q_{d}。

$$Q_{\mathrm{d}} = Q_{\mathrm{S},n_{02}} - Q_{\mathrm{S},n_{01}} = BG - EG$$

图 2.2.1 中曲线 A 点的切线斜率等于该浓度溶液的微分冲淡热。

$$\Delta_{\mathrm{mix}} H_{\mathrm{m}}(1) = \left(\frac{\partial Q_{\mathrm{S}}}{\partial n_0}\right)_{n_2} = \frac{AD}{CD}$$

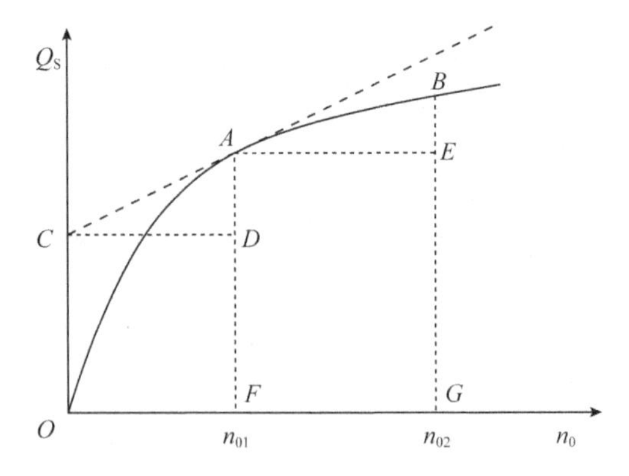

图 2.2.1 $Q_{\mathrm{S}} - n_0$ 关系图

切线在纵轴上的截距等于该浓度的微分溶解热。

$$\Delta_{\mathrm{mix}} H_{\mathrm{m}}(2) = \left(\frac{\partial Q}{\partial n_2}\right)_{n_1} = Q_{\mathrm{S}} - n_0 \left(\frac{\partial Q_{\mathrm{S}}}{\partial n_0}\right)_{n_2} = \left(\frac{\partial q}{\partial n_2}\right)_{T,p,n_1} = CO$$

由图 2.2.1 可见，欲求溶解过程的各种热效应，首先要测定各种浓度下的积分溶解热，然后作图计算。

本实验系统可视为绝热系统，由于硝酸钾溶于水是吸热过程，故系统温度会下降，可用电加热法使体系升温至起始温度，根据所消耗电能求出热效应 Q。

$$Q = I^2 R t = IUt$$

式中：I 为通过电阻为 R 的电热器的电流强度，A；

U 为电阻丝两端所加电压，V；

t 为通电时间，s。

这种方法称为电热补偿法。本实验数据的采集和处理均由计算机自动完成。

四、仪器和试剂

1. 仪器：微机测定溶解热实验系统 1 套，杜瓦瓶 1 只，加样漏斗 1 只，电子天平 1 台等。
2. 试剂：KNO_3(CP)等。

五、实验步骤

1. 称样品

在电子天平上依次称取质量分别为0.5g、1.5g、2.0g、2.5g、3.0g、3.5g、4.0g、4.5g的硝酸钾(应事先干燥和烘干)。

2. 量取蒸馏水

量取250mL蒸馏水至杜瓦瓶中待用。

3. 开机测室温

打开电脑，打开微机测定溶解热实验系统电源，预热5min。运行“SV*.EXE”，进入测试系统主界面，点击“开始实验”，测量当前室温，打开恒流源和搅拌器电源。

4. 测温调电流

测好室温后，温差置零，把温度传感器放入水中，调节恒流源，使加热功率在2.25～2.30W。调好后不再变动功率大小。

5. 加第1份样品

当采样到水温高于室温0.5℃时，按电脑提示加入第1份样品，同时电脑会实时记录水温和时间。

6. 加第2份样品

因第1份硝酸钾溶解吸热，水温下降，当水温又回升到起始温度时，电脑提示加入第2份样品。

7. 重复第5步骤

直到8份样品加完。电脑会自动记录下每份样品溶解的电热补偿时间。

8. 实验结束

关加热器和搅拌器，洗净杜瓦瓶和加样漏斗，注意磁力搅拌子不要掉入水槽，数据处理完后关闭电脑。

六、数据处理

1. 回到系统主界面，按下“数据处理”按钮，并从键盘输入水的质量和各份样品的质量。检查无误后再按下“以当前数据处理”按钮，则软件自动计算出每份样品的Q_S，n_0，n_0=80、100、200、300和400处的积分溶解热、微分溶解热和微分冲淡热，以及n_0从80→100、100→200、200→300、300→400的积分冲淡热。将数据记录于表2.2.1～表2.2.3中。

表2.2.1　每份样品的Q_S和n_0

样品编号	第1份	第2份	第3份	第4份	第5份	第6份	第7份	第8份
Q_S/(J·mol^{-1})								
n_0								

表 2.2.2 n_0=80、100、200、300 和 400 处的积分溶解热、微分溶解热和微分冲淡热

n_0	积分溶解热/(J · mol^{-1})	微分溶解热/(J · mol^{-1})	微分冲淡热/(J · mol^{-1})
80			
100			
200			
300			
400			

表 2.2.3 n_0 从 80→100、100→200、200→300、300→400 的积分冲淡热

n_0	80→100	100→200	200→300	300→400
Q_d/(J · mol^{-1})				

2. 在显示器的右上角有一“下一页”按钮，按此按钮出现计算机自动画的 Q_S-n_0 图。如果需要保存当前数据到文件，则可用“PrScrn”键，然后根据提示输入文件名，保存数据到指定路径。

七、实验关键

1. 实验关键点一个是加样品的速度快慢，另一个是搅拌是否正常。这是因为这两个原因都能引起样品溶解不完全，或使磁子陷住而不能正常搅拌，使得系统很快回升到起始温差，在当前样品还没有溶解完成时又提示加入下一份样品，引起实验失败。

2. 需要调节加热功率为 2.25～2.30W。样品加入后要保持加热功率不变。

3. 固体 KNO_3 由于易吸水，在实验前务必研磨成粉状，并在 110℃烘干。

4. 量热器绝热性能与盖上各孔隙密封程度有关，实验过程中要注意盖好，减少热损失。将仪器安置在无强电磁场干扰的区域内。

八、思考与分析

1. 溶解热的测定实验装置，还可用来测定其他哪种热效应？

解 还可用于测定液体的比热容、水化热、生成热及液态有机物的混合热等热效应。

2. 实验设计在体系温度高于室温 0.5℃时加入第一份 KNO_3，为什么？

解 是为了体系在实验过程中能更接近绝热条件，减小热损耗。

3. 在溶解度测定实验中，作 Q_S-n_0 曲线(图 2.2.1)，试根据图形，指出 A 点所示溶液浓度下的积分溶解热、微分溶解热、微分冲淡热及从 n_{01} 到 n_{02} 的积分冲淡热。

解 对 A 点处的溶液，其积分溶解热$=AF$；微分冲淡热$=AD/CD$；微分溶解热$=CO$；从 n_{01} 到 n_{02} 的积分冲淡热$=BE$。

九、拓展内容

1. 用本实验装置设计一个测定无水硫酸铜与水化合形成五水硫酸铜所产生热量的实验。

2. 练习用 Origin 软件绘出 Q_S-n_0 图形。学会使用该软件作出一些基本的图形，并能对作出的图形进行简单的分析。

3. 用所学的公式推导出 $\Delta_{\mathrm{mix}}H_{\mathrm{m}}(1)=\left(\frac{\partial Q}{\partial n_1}\right)_{n_2}$、$\Delta_{\mathrm{mix}}H_{\mathrm{m}}(2)=\left(\frac{\partial Q}{\partial n_2}\right)_{n_1}$。

实验三　二氧化碳临界状态观测及 *p-V-T* 关系

一、实验知识点

1. 了解 CO_2 临界状态的观测方法，增加对临界状态概念的感性认识。

2. 增强对理想气体状态方程、凝结、汽化、饱和状态等基本概念的理解。

3. 掌握 CO_2 的 $p-V-T$ 关系的测定方法，学会用实验测定实际气体状态变化规律的方法和技巧。

4. 学会活塞式压力计、超级恒温槽等物理化学仪器的正确使用方法。

二、实验技能

1. 学会使用 TCKJ－R18B 型二氧化碳 $p-V-T$ 关系仪。

2. 学会分析和处理实验中遇到的问题。

三、实验原理

1. 仪器构造

整个实验装置由压力装置、恒温水浴装置、实验台本体(图 2.3.1)、防护罩几大部分组成。实验台系统如图 2.3.2 所示。

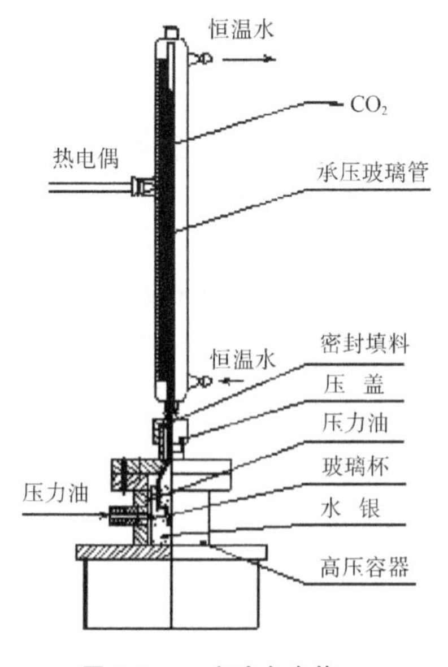

图 2.3.1　实验台本体

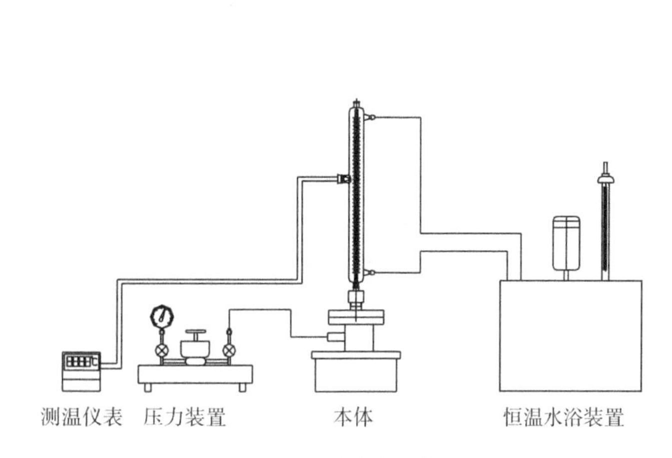

图 2.3.2　实验台系统

2. 实验原理

对于低真空气体，因分子间引力的作用，若把实验温度降到一定程度后，将会出现液化现象，如果对低真空气体的 p-V-T 行为做一完整的测定，就能进一步体现出低真空气体的液化过程及另一重要的物理性质——临界点。对于理想气体，$p-V_m$ 图上的恒温线应为“$pV_m=RT=$常数”的曲线，不同温度只是对应的常数不同而已。然而，对于低真空气体，恒温线一般分为三种类型：$T>T_C$（T_C 为临界温度）、$T=T_C$、$T<T_C$ 。对 CO_2 来说，分类的温度界线是 304K。

对简单可压缩热力系统，当工质处于平衡状态时，其状态参数 p、V、T 之间有如下关系：

$$F(p,V,T)=0 \text{ 或 } T=f(p,V)$$

本实验就是根据上式，采用定温方法来测定 CO_2 的 $p-V-T$ 关系，从而找出 CO_2 的 $p-V-T$ 关系。

实验中，压力台油缸送来的压力由压力油传入高压容器和玻璃杯上半部，迫使水银进入预先装了 CO_2 气体的承压玻璃管容器，CO_2 被压缩，其压力通过压力台上的活塞螺杆的进、退来调节。温度由恒温器供给的水套里的水调节。

实验中二氧化碳的压力值，由装在压力台上的压力表读出。温度由插在恒温水套中的温度计读出。比容首先由承压玻璃管内 CO_2 气柱的高度来测量，而后再根据承压玻璃管内径截面不变等条件来换算得出。

四、仪器和试剂

1. 仪器：二氧化碳 $p-V-T$ 关系仪 1 套，超级恒温水浴装置 1 套等。
2. 试剂：高纯二氧化碳（已装入管中）等。

五、实验步骤

1. 按图 2.3.2 所示装好实验设备，并开启实验台上的日光灯（目的是易于观察）。
2. 超级恒温槽准备及温度调节

(1) 把水注入恒温槽内，至离盖 30～50mm。检查并接通电路，启动水泵，使水循环对流。

(2) 把温度调节仪上的开关拨向“调节”，调节温度旋钮设置所要调定的温度，再将温度调节仪波段开关拨向“显示”。

(3) 观察恒温槽中水的温度，其温度与设定的温度一致时，即认为承压玻璃管内的 CO_2 的温度处于设定的温度，即可以开展实验。

3. 加压前的准备

(1) 关压力表及其进入本体油路的两个阀门，开启压力台油杯上的进油阀。

(2) 摇退压力台上的活塞螺杆，直至螺杆全部退出。这时，压力台油缸中抽满了油。

(3) 先关闭油杯阀门，然后开启压力表和进入本体油路的两个阀门。

(4) 摇进活塞螺杆，使本体充油。如此反复，直至压力表上有压力读数为止。

(5) 再次检查油杯阀门是否关好，压力表及本体油路的阀门是否开启，即可进行实验。

4. 测定 CO_2 的比容

由于承压玻璃管内 CO_2 质量不便测量，而玻璃管内径或截面积（A）又不易测准，因而实验中采用间接方法确定 CO_2 的比容，认为 CO_2 的比容 ν 与其高度满足线性关系。具体方法如下：

(1) 已知 CO_2 液体在 293K($t=20℃$)、9.8MPa 时的比容 $\nu(293K, 9.8MPa)=0.00117m^3 \cdot kg^{-1}$。

(2) 实际测定在 293K($t=20℃$)、9.8MPa 时，CO_2 液柱高度 Δh_0(m)。(注意玻璃管水套上刻度的标记方法)

(3) 因为 $\nu(293K, 9.8MPa)=\frac{\Delta h_0 A}{m}=0.00117m^3 \cdot kg^{-1}$，所以：

$$\frac{m}{A}=\frac{\Delta h_0}{0.00117}=K$$

式中：K 为玻璃管内 CO_2 的质面比常数，$kg \cdot m^{-2}$。

因此，任意温度、压力下 CO_2 的比容为：

$$\nu=\frac{\Delta h}{m/A}=\frac{\Delta h}{K}$$

式中：$\Delta h=h-h_0$，h 为任意温度、压力下水银柱高度，h_0 为承压玻璃管内径顶端刻度。

5. 测定一定温度时的等温线

(1) 将超级恒温槽上的恒温器设定为 293K($t=20℃$)，并保持其恒温。

(2) 调节承压玻璃管中的压强，从 4.41MPa 开始，当玻璃管内水银柱升起来后，应足够缓慢地摇进活塞螺杆，以保证整个过程的等温条件。否则读数不准。

(3) 按照适当的压强间隔($\Delta p=0.3MPa$)取 h 值，直至压强 $p=9.8MPa$。

(4) 注意加压后 CO_2 的变化，特别注意饱和压强与饱和温度之间的对应关系，以及液化、汽化等现象。

(5) 接以上步骤测定 298K($t=25℃$)、300K($t=27℃$)时，其饱和温度与饱和压强的对应关系。

(6) 将数据填入原始记录表 2.3.1。

6. 测定临界参数，并观察临界现象

(1) 按上述方法和步骤测试临界等温线，并在该曲线的拐点处找出临界压强 p_C($p_C=7.39Pa$)和临界比容 ν_C。

(2) 观察临界现象。

① 整体相变现象

由于在临界点时，汽化潜热等于零，饱和气线与饱和液线合于一点，所以这时若压力稍有变化，气、液以突变的形式相互转化，而不会像临界温度以下时那样需要逐渐积累，经过一定的时间才会相互转化，表现为渐变过程。

② 气、液两相模糊不清的现象

处于临界点的 CO_2 具有共同参数(p, V, T)，因而无法区别此时 CO_2 是气态还是液态。下面就来用实验证明这个结论。因为这时处于临界温度下，如果按等温线过程进行，使 CO_2 压缩或膨胀，那么，管内是什么也看不到的。现在，我们按绝热过程来进行。首先在压强 7.64MPa附近，突然降压，CO_2 状态点由等温线沿绝热线降到液区，管内 CO_2 出现明显的液面。这就是说，如果这时管内的 CO_2 是气体的话，那么，这种气体离液区很接近，可以说是接近液态的气体；当在 CO_2 膨胀之后，突然压缩 CO_2，这个液面又立即消失了。这就告诉我们，这时 CO_2 液体离气区也是非常接近的，可以说是接近气态的液体。此时的 CO_2 既接近气态，又接近液态，所以能处于临界点附近。临界状态究竟如何，可以这样说，就是呈饱和气、液模糊不清的现象。

7. 测定 323K(t=50℃)时的等温线。

六、数据处理

1. 做好实验的原始记录。

(1) 设备数据记录

仪器、仪表名称、型号、规格等。

(2) 常规数据记录

大气压：________kPa;室温：________℃。

2. 按表 2.3.1 的数据,如图 2.3.3 所示在 $p-\nu$ 坐标系中画出三条等温线。

3. 将实验测得的等温线与图 2.3.3 所示的标准等温线比较,并分析它们之间的差异及原因。

4. 将实验测得的饱和温度与压强的对应值与图 2.3.4 给出的 t_s-p_s 曲线相比较。

表 2.3.1　CO_2 等温实验原始记录表

293K(t=20℃)				298K(t=25℃)				300K(t=27℃)			
p /MPa	Δh/m	ν /($m^3\cdot kg^{-1}$)	现象	p /MPa	Δh/m	ν /($m^3\cdot kg^{-1}$)	现象	p /MPa	Δh/m	ν /($m^3\cdot kg^{-1}$)	现象

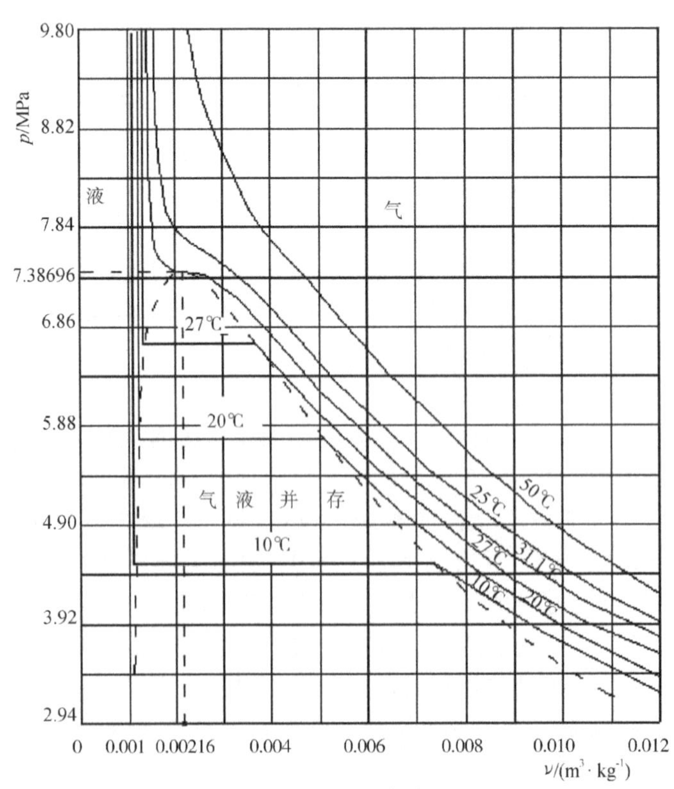

图 2.3.3　标准曲线

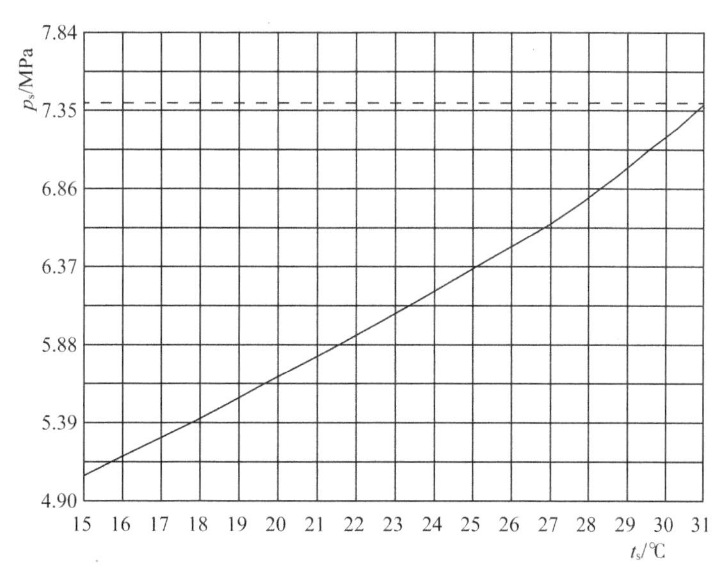

图 2.3.4　t_s-p_s 曲线

5. 将实验测定的临界比容 ν_C 与理论计算值一并填入表 2.3.2，并分析它们之间的差异及其原因。

表 2.3.2　临界比容 $\nu_C(m^3\cdot kg^{-1})$

标准值	实验值	$\nu_C=RT_C/p_C$
0.00216		

七、实验关键

1. 实验压强不能超过 10.0MPa。

2. 整个实验过程都应缓慢摇进活塞螺杆，因为压力台的油缸容量比容器容量小，需要多次从油杯里抽油，再向主容器管充油，才能在压力计上显示读数。压力台抽油、充油的操作过程非常重要，若操作失误，不但加不上压力，还会损坏实验设备，所以务必认真掌握，否则来不及平衡，难以保证恒温恒压条件。

3. 一般按压强间隔 0.3MPa 左右升压，但在将要出现液相，存在气、液两相，气相将完全消失以及接近临界点的情况下，升压间隔要很小，升压速度要缓慢。严格地讲，温度一定时，在气、液两相同时存在的情况下，压强应保持不变。

4. 压力表的读数是表压，应按绝对压强(表压＋大气压)进行数据处理。

八、思考与分析

1. 质面比常数 K 值对实验结果有何影响？为什么？

解　任意温度任意压力下，质面比常数 K 值均不变，所以不会对实验结果有影响。

2. 为什么在测量25℃下的等温线时，出现第一小液滴时的压强和最后一个小气泡将消失时的压强应相等？（试用相律分析）

解 在测量25℃下的等温线时，出现第一小液滴和最后一个小气泡将消失时，CO_2 均处于气-液平衡状态，根据相律 $f=C-P+1=1-2+1=0$，自由度数均为0，故压强相等。

九、拓展内容

1. 试比较等温曲线的实验值与标准值之间的差异，并分析其原因。试分析比较临界比容的实验值与标准值、理论计算值之间的差异及原因。

2. 干冰与超临界二氧化碳有怎样的区别和联系？

实验四　二组分简单共熔体系相图的绘制

一、实验知识点

1. 熟悉利用热分析法测绘铅-锡相图的原理。

2. 通过了解固液相图的特点，进一步学习与巩固相律等理论知识。

二、实验技能

1. 学会绘制步冷曲线和相图。

2. 能够比较纯物质与混合物两者步冷曲线的异同之处，并确定其相变点的温度。

3. 掌握热电偶测温原理及校正方法。

三、实验原理

双组分简单低共熔金属相图一般用热分析法绘制。热分析法是观察被研究体系的温度变化与体系相变关系的一种方法。在定压下，将一定组成的体系加热熔融成一均匀液相，然后从高温逐渐冷却，在冷却过程中，每隔一定时间记录一次温度，作温度对时间的变化曲线，即步冷曲线。体系若有相变，必然伴有热量变化，在步冷曲线上就会出现转折点或水平线段。转折点或水平线段所对应的温度即为该组成体系的相变温度。测定一系列组成不同的样品的步冷曲线，就可绘制出体系的相图（图2.4.1）。

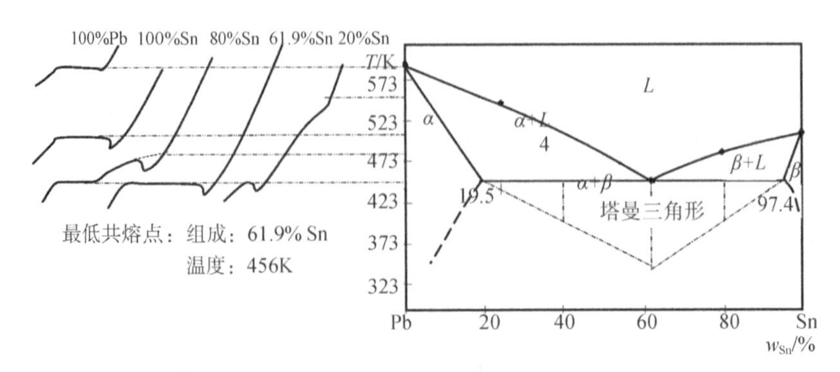

图 2.4.1　Pb－Sn 固液相图

四、仪器和试剂

1. 仪器：JX－3D金属相图专用加热装置1台，金属相图控制器(含热电偶)1台，样品加热管6支，玻璃小套管6支等。

2. 试剂：铅(CP)，锡(CP)等。

五、实验步骤

1. 样品准备

预先配制不同质量分数的铅、锡混合物各100g(锡的质量分数分别为0%、20%、40%、61.9%、80%、100%)，分别将它们装入6支硬质的样品加热管中。

2. 样品加热

加热，待样品完全熔化后，轻轻搅匀，置热电偶于样品中部，注意加热惯性，缓缓升温，超过熔点50℃后冷却。

3. 记录步冷曲线的数据

在体系冷却过程中，每隔30s记录温度和时间，直至最后的转折点以下。

4. 依次测定6个样品

重复上述步骤，直至测完6个样品。

5. 绘制相图

根据样品组成和相变温度绘制相图。

六、数据处理

1. 利用所得数据先画出步冷曲线，然后根据步冷曲线绘制出铅-锡双组分金属固液相图，并注出相图中各区域的相平衡状态。

2. 从相图中求出低共熔混合物的相变温度及组成。

七、实验关键

1. 冷却速度

相图是多相体系处于相平衡状态下温度相对于组成的坐标图，所以应使体系保持5～7K·min^{-1}的均匀冷却速度。冷却速度的快慢不仅取决于体系和环境温度、体系本身的相变情况，还与保温装置的热容和散热情况有关。散热太慢会引起实验时间不必要的延长；冷却速度太快则会使得相变现象不明显。因此，要结合实际情况控制冷却速度。

2. 用热电偶测温的重现性

由于烧制热电偶时成分难保一致，制造工艺的质量也难保一致，所以各支热电偶的热电势不尽相同，彼此约有几十至两百微伏的差别，需对每支热电偶的温度进行校正；其次，若用同一支热电偶测同一样品，如新鲜配制的合金，当其均匀性不好时，重现性自然较差，这就要求在加热到最高相变点温度以上时充分搅拌均匀；第三，插入热电偶的位置也影响到测定结果，热电偶要保证插在金属熔体的中部位置，否则，因受环境影响，步冷曲线的水平线段将不明显。

3. 样品的纯度

在测试过程中，须保持样品在管中的均匀性。另外，还须避免因温度过高而导致样品发生氧化变质。通常在样品全部熔化后再升温 50K 左右，注意电炉升温的惯性，需提前降电压。在样品中加少量石墨粉以隔绝空气、防止氧化，这也是普遍采用的措施。

八、思考与分析

1. 升温曲线是否也可作相图？

解 可以。但在实验过程中需有均匀的升温速率，这对实验设备和控制条件要求较高，因此，一般均用步冷曲线的方法来绘制固-液体系的相图。

2. 何以见得 Pb－Sn 相图存在固溶体区？

解 (1) 样品冷却至低共熔温度时，曲线不发生转折也不出现水平线段，则判断进入了固熔体区。

(2) 以 Pb－Sn 相图为例，准确量出有低共熔平台的系列样品的各平台长度，按塔曼三角形绘制相图，便可从两条直线外推得到固熔体与低共熔温度线的交点。生成固熔体 α 和 β 的 Pb－Sn 体系相图，Sn 的熔点为 505K，Pb 的熔点为 600K。最低共熔点是 456K，$w_{Sn}=61.9\%$。

九、拓展内容

1. 查阅资料，简述其他作相图的方法。
2. 了解相图在日常生活、生产中的实际运用，如区域熔炼。
3. 通过查阅文献或者改进装置，解释如何确定 α 与 $\alpha+\beta$、β 与 $\alpha+\beta$ 的分界线。
4. 如何利用已知数据库来判断未知混合物的组成及比例？

实验五　双液系的气-液平衡相图的绘制

一、实验知识点

1. 学会用回流冷凝法测定不同浓度的环己烷-异丙醇的沸点。
2. 了解气-液两相平衡组成的原理和具体方法。

二、实验技能

1. 能够利用沸点仪测定环己烷-异丙醇双液系在气-液平衡时气相与液相的组成及平衡温度，描绘出 $T-x$ 相图，并确定恒沸混合物的组成及恒沸点。

2. 掌握阿贝折光仪的使用方法。

三、实验原理

两种液态物质混合而成的二组分体系称为双液系。如果两个组分以任意比例互相溶解，则称为完全互溶双液系；若只能在一定比例范围内互相溶解，则称为部分互溶双液系。液体的沸点是指液体的蒸气压和外压相等时的温度。在一定的外压下，纯液体的沸点有确定的值，但对于完全互溶双液系，沸点不仅与外压有关，还和双液系的组成有关。

双液系的气-液平衡相图（$T-x$ 相图）可分为 3 类（图 2.5.1），这些图的纵轴是温度 T（沸点），横轴是代表液体 B 的物质的量分数 x_B。在 $T-x$ 图中有两条曲线：上面的曲线是气相线，表示在不同的沸点下与溶液相平衡的气相组成，下面的曲线表示液相线，代表平衡时液相的组成。

(1) 理想的二组分液态混合物——完全互溶双液系，混合物沸点介于两纯物质之间，如图 2.5.1a 所示。温度 T_1 的气相点为 v_1，液相点为 l_1，这时的气相组成 v_1 点的横轴读数是 x_B^g，液相组成 l_1 点的横轴读数为 x_B^l。

(2) 体系对拉乌尔定律发生很大正偏差，混合物存在最低沸点，如图 2.5.1b 所示。

(3) 体系对拉乌尔定律发生很大负偏差，混合物存在最高沸点，如图 2.5.1c 所示。

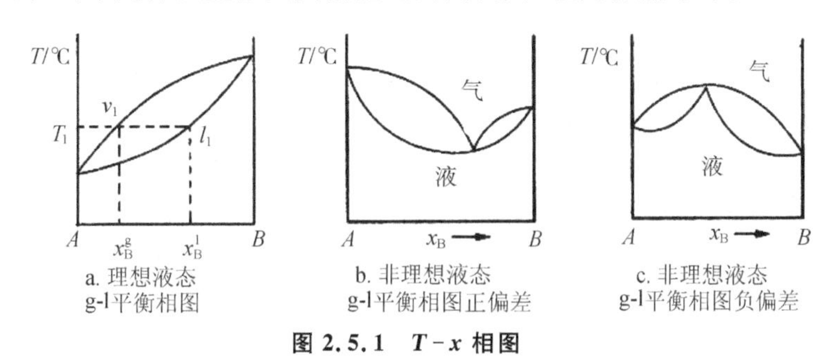

图 2.5.1　$T-x$ 相图

本实验以环己烷-异丙醇为体系，该体系属于第二类具有最低恒沸点的完全互溶双液系。利用沸点仪测该混合物的沸点；用阿贝折光仪测恒温下的气-液平衡组成，然后描绘 $T-x$ 相图。

在二组分 $T-x$ 图上，假设压力的影响很小，p 为定值，则相图各区遵循吉布斯相律：

$$f^* = K - \Phi + 1$$

式中：f^* 为条件自由度；

K 为独立组分数；

Φ 为相数；

1 为温度变量。

压力变化时，相图图形要变化，恒沸点的组成也随之而变，所以恒沸物是混合物，而非化合物。

折光率是物质的一个特征数值，它与物质的浓度及温度有关，因此，在测量物质的折光率时要求温度恒定。溶液的浓度不同、组成不同，折光率也不同。因此，可先配制一系列已知组成的溶液，在恒定温度下测其折光率，作出折光率-组成工作曲线，便可通过折光率的大小在工作曲线上找出未知溶液的组成情况。

四、仪器和试剂

1. 仪器：沸点仪(结构见图 2.5.2)1 台，直流稳压电源 1 台，阿贝折光仪 1 台，水银温度计(50～100℃，0.1℃分度)1 支，酒精温度计(0～100℃)1 支，超级恒温水浴装置 1 套，玻璃漏斗 1 只，吸液管若干等。

2. 试剂：环己烷(AR)，异丙醇(AR)等。

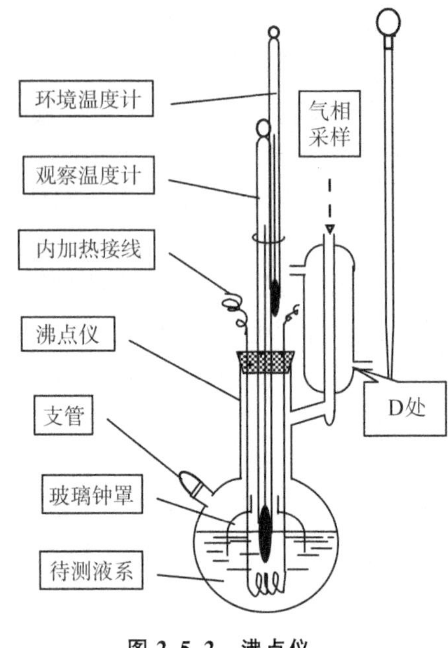

图 2.5.2　沸点仪

五、实验步骤

1. 准备

配制环己烷-异丙醇标准系列溶液(环己烷的物质的量分数 x 分别为 0.10、0.20、0.30、0.40、0.50、0.60、0.70、0.80、0.90)，恒温(25℃)下测各溶液的折光率，并绘制各溶液的工作曲线。安装沸点仪。将温度计水银球的 1/2 浸没于液体中。将内加热接线浸没于液体中。

2. 测沸点

用漏斗从支管口加 20mL 环己烷于洗净、干燥的沸点仪中，由小到大小心调压，使液体微微沸腾，调节冷凝水流量使蒸气回流的高度约为 2cm。

3. 记录温度、大气压读数

待温度读数稳定 3～5min(相平衡)后读数。

4. 采样，测折光率。

5. 停止加热，用烧杯盛水来冷却瓶底，用 2 支干燥吸液管分别取气(D 处)、液(支管口)样约 1mL，在恒温的阿贝折光仪中测其折光率。

6. 测量系列溶液

依次添加含环己烷的物质的量分数 x 为 0.05、0.10、0.20、0.30、0.40、0.50、0.65、0.80、0.90 的环己烷-异丙醇系列溶液，按上法测定气-液平衡时相应的两相折光率。

7. 绘制相图

将实测数据进行露茎校正、折光率值相对于标准曲线进行校正后，绘制成沸点-组成相图。

六、数据处理

1. 按 Trouton 规则，温度计压力校正公式为：

$$T = T_b + \frac{T_b(p - p_0)}{10 \times 760}$$

露茎校正公式为：

$$\Delta T = 0.00016h(T_{主} - T_{环})$$

式中：h 为温度计露出于沸点仪外的部分，℃。

2. 环己烷-异丙醇溶液的折光率-组成工作曲线的数据见表 2.5.1，利用表之数据可绘出工作曲线。

表 2.5.1 环己烷-异丙醇溶液折光率-组成工作曲线

环己烷质量/g	异丙醇质量/g	环己烷的质量分数	环己烷的物质的量分数	折光率		
				298K	303K	308K
0.0000	7.8550	0.0000	0.000	1.3751	1.3731	1.3717
1.0495	6.7446	0.1347	0.100	1.3797	1.3778	1.3759
2.0220	5.7773	0.2593	0.200	1.3848	1.3831	1.3810
2.9560	4.8509	0.3786	0.303	1.3909	1.3880	1.3855
3.7748	4.0496	0.4707	0.400	1.3952	1.3925	1.3901
4.5654	3.2605	0.5834	0.500	1.4001	1.3977	1.3953
5.2210	2.6098	0.6667	0.588	1.4044	1.4017	1.3990
5.9516	1.8854	0.7594	0.697	1.4095	1.4069	1.4044
6.6118	1.1774	0.8488	0.800	1.4143	1.4118	1.4095
7.2768	0.5775	0.9265	0.900	1.4194	1.4167	1.4140
7.7850	0.0000	1.0000	1.000	1.4235	1.4207	1.4183

3. 用实验所测得的数据描绘 $T-x$ 相图。从图中找出环己烷与异丙醇体系的恒沸点及相应的恒沸物。

七、实验关键

1. 内热电炉丝电压调节在12V以下,使溶液达到微微沸腾的状态,过压危险！内加热接线要浸没于溶液中,避免露于空气中引起易燃溶剂燃烧。待气、液达到平衡,即温度计示值恒定,且在停止加热后才能取样分析。阿贝折光仪上方的棱镜是仪器的重要部分,使用中需注意镜面保护,不要让滴管等硬物触及,实验完毕,将四折的擦镜纸夹于上、下棱镜之间。装置温度计的水银球部分应一半浸没于液中。系列溶液作标准曲线时,样品经分析天平称量后,如不马上就测则应置于冰水浴中,以免液体挥发造成测量误差。

2. 沸点仪形式多样,不断创新。经实验证明,当本实验中所用的沸点仪的温度计水银球全部浸入液相时,由于过热现象的存在,测得的温度往往较气相温度高0.5K左右,如将水银球置于蒸气支管口,即使瓶颈缠以石棉绳保温,测得温度也较液相温度低0.3K左右。另外,蒸气支管口的位置偏高,离液面越高,温度梯度越大,存在严重的分馏作用,收集的冷凝液不能代表平衡时气相的组成。根据气-液平衡原理,低沸点组分在气相中的含量将高于原所应有的平衡组成。因此,支管口应尽量降低至与液面接近,使气相温度与温度计读数温度接近,减少分馏作用,提高实验精度。

3. 测折光率时要求动作迅速,否则,对于纯组分固然无妨,混合液就容易造成折光率测定的偏差。

4. 实验采用回流分析法,因而回流质量的好坏也直接影响实验的质量。要使回流好,一是注意回流时电热丝供热不宜太高,即供热电压不宜太大,使液体保持微沸状态,温度过高容易造成溶液的暴沸和气相冷凝的不完全，使沸腾温度、平衡温度也难以测准；二是气相的冷凝要完全，减少气相的损失，使系统迅速且准确地达到平衡温度；三是D处宜小而刚够取样（完全意义上来说，冷凝的第一滴是平衡点），若该处太大，只能将其倾斜进行校正。

5. 准确绘制相图也十分重要。相图坐标框宜为方块形，串联实测点不该成折线而应根据偏差互抵和最小原则描绘圆滑的穿越曲线。

八、思考与分析

1. 根据什么原则寻找完全互溶双液系相图？

解 根据相似相溶原理，如极性溶质溶于极性溶剂的原理。若为有机物，常从同系列或者物理、化学性质相近相似者中寻找。

2. 如何判断气、液两相是否处于平衡？怎样确保折光率的测定能真正反映平衡时的组成？

解 温度计读数恒定时，气、液两相处于平衡沸点仪D处，这意味着气、液两相处于平衡。最初冷凝液必须反复两三次倾回蒸馏瓶中，这才能确保真正反映平衡时的组成。

3. 测定中是否需要精确量度加样量？

解 不需要。只有在稀溶液部分及接近恒沸点时，测点稍密一些，才对绘准相图有用。因为任意浓度下均可测平衡的两相，浓度也可从折光率-组成的标准曲线中查到，所以一个点未测准，无须倒掉液体重来。液体中两组分是可以随意加以调整物质的量分数的。

4. 本实验主要误差的来源有哪些？

解 温度是否恒定，气、液两相是否平衡，尤其是气相组成是否代表平衡组成，以及折光率的测定误差，所测折光率是否已进行温度的校正，气压、沸点等是否也进行了校正。

5. D处容积过大有何影响？

解 由于D处最初收集到的和后来收集的属于不同沸腾温度下的气相组成，或者说收集到的是不同温度下分馏组成的混合物，导致气相组成向低沸点方向偏移，相图梭形区扩大。

6. 如何选择完全互溶且具最高或最低恒沸点的双液系？

解 对于完全互溶且具最高或最低恒沸点的双液系，要获得较佳实验效果的必要条件是：共沸混合物沸点与两纯物质沸点相差较大；两纯组分的折光率差别足够大。常采用的二组分体系有苯-乙醇、苯-甲醇和丙酮-氯仿等体系。这些体系虽有优点，但共同的缺点是有毒。因此，环己烷-异丙醇无毒体系应是一种不错的选择。

九、拓展内容

1. 为什么工业上常生产95%酒精，只用精馏含水酒精的方法是否可能获得无水酒精？

2. 试探讨能否将蒸馏瓶改造使之与抽气系统连接，在控制外压的条件下进行气-液平衡实验，测定 $p-x$ 图，同时计算二组分的活度系数及活度。

3. 本实验能否用已用过的剩余药品来完成？

实验六　液体饱和蒸气压的测定

一、实验知识点

1. 了解静态法测定环己烷在不同温度下饱和蒸气压的原理。
2. 熟悉用克劳修斯-克拉贝龙方程计算物质的平均摩尔汽化焓。
3. 知道真空体系的设计原理和注意事项。

二、实验技能

1. 学会用图解法求算所测温度范围内环己烷的平均摩尔汽化焓及正常沸点。
2. 学会恒温槽、真空泵、等压计等真空体系的操作方法。

三、实验原理

把恒温槽控制在一定温度下，调节外压以平衡液体的蒸气压，使实验平衡管(等压计)的U形管部分与液面相平，求出外压就能直接得到液体在该温度下的饱和蒸气压。实验装置见图 2.6.1。

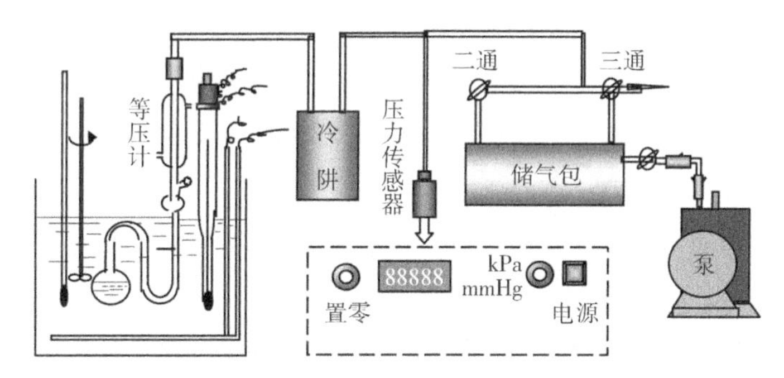

图 2.6.1　液体饱和蒸气压实验装置图

根据克劳修斯-克拉贝龙方程，由下式可知：在一定温度范围内，测定不同温度下的饱和蒸气压，以 $\lg p$ 对 $1/T$ 作图可得一直线，由直线的斜率可以求出实验温度范围内液体的平均摩尔汽化焓 $\Delta_{vap}\overline{H}_m$。

$$\lg p=-\frac{A}{T}+B=-\frac{\Delta_{vap}\overline{H}_m}{2.303RT}+B \qquad (2.6.1)$$

式中：p 为液体饱和蒸气压；

A、B 为常数；

$\Delta_{vap}\overline{H}_m$ 为平均摩尔汽化焓；

T 为液体沸腾温度。

四、仪器和试剂

1. 仪器：恒温水浴装置1套，数字式低真空测压仪1台，储气包1只，等压计1支，真空泵1台，冷阱1只等。

2. 试剂：环己烷(AR)等。

五、实验步骤

1. 装置准备

灌装或检查等压计中液体，使等压计小球内盛2/3量的纯度可靠的环己烷试液。设定5～7个恒温等间隔检测点，用静态法测饱和蒸气压。

2. 检漏

通冷凝水，开始实验。开启三通放空活塞，接通真空泵电源。正常运转后，关闭三通活塞，开启二通活塞使系统抽真空。待负压达到极限，压力测量仪的显示数值稳定后，关闭二通活塞开始检漏：须保持2min内压差基本不变。

3. 赶空气

微启二通活塞抽真空，使等压计小球及U形管液体有气泡逸出；微启三通活塞控制等压计小球中的液体微微沸腾，注意防止U形管液体蒸发，赶空气数分钟。

4. 温度调至第1检测点

温度加热至第1检测点，待温度稳定后，当U形管液面相平时立即读温度和压差。及时控制三通活塞，以防止空气倒灌，若发生倒灌，须重赶空气。

5. 测3次

比较检测值，检验空气是否排除。取3次测量平均值。

6. 记沸点和数显电子压力计示数

经密度校正后的饱和蒸气压$p_{标准}$对于文献值误差应不大于2%。

7. 测5～7个点

当U形管液面相平时，立即读数，随时调控三通活塞，以防空气倒灌。记不同沸腾温度下液体饱和蒸气压。$\lg p-1/T$图像应线性良好，且数据与文献值接近。

8. 再读大气压

取2次所读大气压的平均值p，修正$p_i=-p\Delta h$。

9. 计算

据式(2.6.1)计算$\Delta_{vap}\overline{H}_m$，并由图像反推法求正常沸点$T_b$。

六、数据处理

1. 实验前，设计好实验数据记录表格。

2. 计算液体饱和蒸气压p，$p=$室内大气压－压力测量仪上读数。

3. 以 $\lg p$ 对 $1/T$ 作图，从图上求出实验温度范围内液体的平均摩尔汽化焓 $\Delta_{vap}\overline{H}_m$ 和正常沸点。训练作图法是本实验的重点。$\lg p-1/T$ 图应线性良好，标明图名、坐标分度、标度，测点标注符清晰可辨，线与轴夹角 45° 左右作图，误差最小。两点式求直线斜率时，取用回归线上相距大、分母整数易算的两点。

七、实验关键

1. 关、停真空泵时，必须先通大气（解除真空）再关电源。这样做可以减少电机起动负荷，有利于安全启动；可以避免关泵时泵油倒吸污染被测系统以及因压力急骤变化发生冲汞、损坏压力仪表等危险。

2. 一定要仔细检漏，保证系统的气密性。

3. 必须赶净等压计内小球上方封闭空间的空气，且每次测量时都要防止空气倒灌。

4. 赶空气过程在第一个检测点，须小心控制使液体微微沸腾，否则，过热液体无法冷凝，U 形管内液体很快蒸发殆尽，以致不得不解除真空，添液重来。

5. 液体的蒸气压与温度密切相关，故控温精度应控制在 0.2℃内。过程中随时注意调节放空活塞，以免发生“沸腾”。

八、思考与分析

1. 负压如何检漏？哪些部位易泄漏？

解　根据真空时的汞柱差就可以检漏。2min 内观察汞柱差保持程度便可揣摩漏气状况。工业上负压检漏通常是采用沿着缝观察火苗的方法。

活塞及接头部位最易漏气，所以玻璃管接头处要用厚壁胶管，活塞上要均匀涂抹真空脂。

2. 本实验温度越高，测量误差越大，何故？

解　实验温度距室温远，恒温槽定温计（触点经常因电击而受到水银污染）、继电器的滞后效应会造成误差；在调大加热器功率的情况下，恒温灵敏度曲线变差，恒温槽温度梯度增大，恒温槽布局合理性方面的矛盾突显。故温度越高，所测蒸气压的误差越大。

3. 能否用本法测定溶液的蒸气压？

解　大多数情况下，本法不适合溶液蒸气压的测定，因为产生的蒸气中易挥发组分不断被抽去，导致动态平衡的溶液组成不断变化。但是，对于恒沸点混合物这样的特例，可用此法。

九、拓展内容

1. 克劳修斯-克拉贝龙方程的条件是“在一定温度范围之内”的，尝试利用此实验装置测出环已烷适用的温度范围。

2. 江浙一带的梅雨天常让人感觉透不过气，并且不下雨地上也常会有积水，这是为什么？

实验七　凝固点降低法测定摩尔质量

一、实验知识点

1. 了解凝固点降低法测定萘的摩尔质量的原理。

2. 通过实验,加深对非挥发性溶质二组分稀溶液的依数性的理解。

二、实验技能

1. 掌握溶液凝固点的测量技术。

三、实验原理

在一定压力下,固体溶剂与溶液达到平衡时的温度称为溶液的凝固点。在无固熔体形成时,稀溶液的凝固点较纯溶剂的凝固点低,简称凝固点降低。稀溶液具有依数性,凝固点降低是依数性的一种表现。凝固点降低值 ΔT_f 由下述公式给出:

$$\Delta T_f = T_f^* - T_f = K_f b_B = K_f \frac{\frac{m_B}{M_B}}{\frac{m_A}{1000}} = K_f \frac{1000 m_B}{M_B m_A} \tag{2.7.1}$$

式中:ΔT_f 为凝固点降低值;

T_f^* 为纯溶剂凝固点;

T_f 为稀溶液凝固点;

b_B 为稀溶液溶质的质量摩尔浓度;

K_f 为凝固点降低常数;

m_B 为稀溶液溶质的质量;

M_B 为溶质的摩尔质量;

m_A 为稀溶液溶剂的质量。

将上式整理得:

$$M_B = \frac{K_f 1000 m_B}{\Delta T_f m_A} \tag{2.7.2}$$

通过实验求出 ΔT_f 值,就可通过上式求出溶质的摩尔质量。不过需要注意的是,当溶液中有离解、缔合、溶剂化和配合物生成等情况存在时,都会影响溶质在溶剂中的表观摩尔质量,此时不能简单利用上式来计算溶质的摩尔质量。

凝固点测定方法是将已知浓度的溶液逐渐冷却成过冷溶液,然后促使溶液结晶;当晶体生成时,放出的凝固热使体系温度回升,当放热与散热达成平衡时,温度不再改变,此固液两相达成平衡的温度,即为溶液的凝固点。本实验测定的是纯溶剂和溶液的凝固点之差。

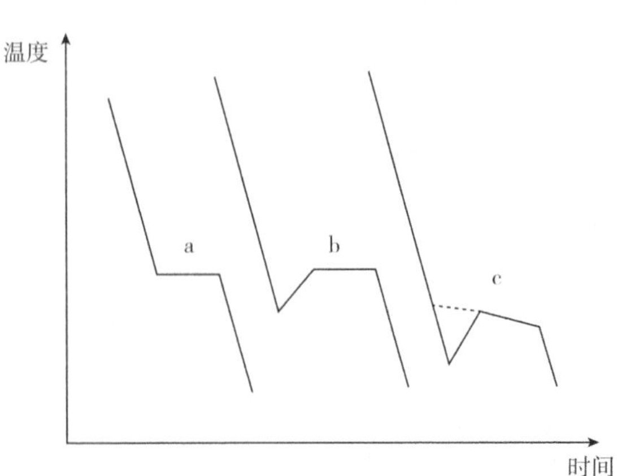

图 2.7.1 冷却曲线

纯溶剂的凝固点是其液-固共存的平衡温度。将纯溶剂逐步冷却时,在未冷凝成固体前,温度将随时间均匀下降,开始凝固后因放出的凝固热补偿了热损失,体系液-固两相共存时将保持平衡温度不变,直到全部凝固,再继续均匀下降,过程如图 2.7.1 中的

a线所示。但在实际过程中,由于结晶出的微小晶体的饱和蒸气压大于同温度下液体的饱和蒸气压,所以纯溶剂经常发生过冷现象,其冷却曲线为图2.7.1中的b线。

溶液的凝固点是溶液与溶剂固相共存时的平衡温度,其冷却曲线与纯溶剂不同。当有溶剂凝固析出时,剩下溶液的浓度逐渐增大,因而溶液的凝固点也逐渐下降,在冷却曲线上得不到温度不变的水平线段。因此,在测定一定浓度溶液的凝固点时,析出的固体越少,测得的凝固点越准确。同时应尽量减小过冷程度,一般可在开始结晶时,用玻棒摩擦管壁,以促使晶体生成。溶液的凝固点应从冷却曲线上外推而得,见图2.7.1中的c线。

四、仪器和试剂

1. 仪器:凝固点测定仪(结构见图2.7.2)1套,压片机1台,水银温度计(0~100℃,0.1℃分度)1支,移液管(25mL)1支,精密电子温差测量仪1台,电子天平1台等。

2. 试剂:环己烷(AR),萘(AR),碎冰等。

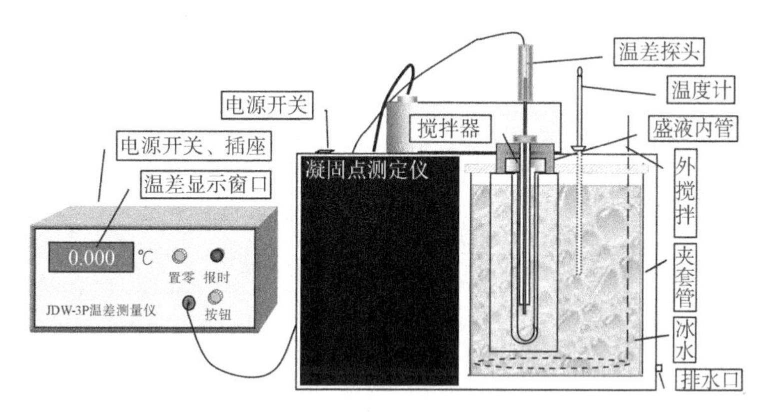

图2.7.2 凝固点测定装置图

五、实验步骤

1. 装置准备

向凝固点测定仪中加入寒剂(冰水混合物),使温度低于凝固点3~5℃。经常搅拌并不断加入碎冰,使寒剂温度基本不变。

2. 粗测纯溶剂凝固点

准确量取25mL环己烷于内管,使之直接插入寒剂中,内搅拌。当刚有固体析出时,迅速取出,用手温使之溶解并擦干管外冰水,待回升0.2~0.3℃时将内管放入空气套管,观察温差仪数显值直至温度稳定,即为环己烷凝固点参考值。

3. 搅拌、冷却,并记录温度

用手温使固体完全熔化,温度略高于凝固点时加入寒剂,内搅拌,通过窗口观察搅拌情况。调整寒剂使溶剂以0.1~0.2℃/30s的速度冷却。按照仪器的半分钟计时闪烁指示,记录温度1次。

4. 确认凝固点

取过冷后温度回升的稳定温度作为环己烷的凝固点。

5. 测三次

重复上述实验操作。

6. 求纯溶剂的凝固点 T_f^*，数显仪置零

纯溶剂凝固点的平均值 $T_f^* = \dfrac{T_0' + T_0'' + T_0'''}{3}$。

7. 侧管加萘片，粗测凝固点

取约 0.2g 萘，压片，准确称量其质量。从侧管投入，使之充分溶解。粗测溶液凝固点的方法与纯溶剂的相同。

8. 精测步冷曲线

待过冷后温度回升，读最高点值，此后温度下降再读取约 10 个数据。

9. 测三次

重复上述精测步冷曲线实验操作。

10. 求溶液的凝固点 T_{f1}

溶液凝固点的平均值 $T_{f1} = \dfrac{T_1' + T_1'' + T_1'''}{3}$。

11. 加萘测溶液的凝固点 T_{f2}、T_{f3}

重复上述侧管加萘片，粗测凝固点实验操作。

12. 计算

计算 $\Delta T_f = \dfrac{T_{f1} + T_{f2} + T_{f3}}{3} - T_f^*$，代入式(2.7.2)求 M_B。

六、数据处理

1. 将实验数据填入表 2.7.1，计算溶剂质量。

溶剂的密度公式：$\rho_t = \rho_0 + \alpha T + \beta T^2 \times 10^{-3} + \gamma T^3 \times 10^{-6}$（$T$ 的单位为℃）

表 2.7.1 环己烷密度公式中的温度系数

ρ_0/(g·mL^{-1})	α	β	γ	适用范围/℃
0.797	−0.8879	−0.972	+1.55	0～65

2. 步冷曲线记录，30s 测一次，将实验数据填入表 2.7.2。

表 2.7.2 实验数据记录表 1

时间 t/s									
温度 T/℃									

3. 凝固点测定记录，将实验数据填入表2.7.3。

表2.7.3　实验数据记录表2

	质量 m/g	测凝固点				凝固点下降 ΔT_f/℃	摩尔质量 M/(g·mol^{-1})
		T_1/℃	T_2/℃	T_3/℃	$\overline{T}$/℃		
纯溶剂							
加萘(溶液)							

* 根据实验数据作时间-温度图，通过外推法确定 T_f^* 和 T_f，并计算萘的摩尔质量。

文献值：环己烷 T_f^* =279.7K；K_f=20.1kg·K·mol^{-1}；M=128.11g·mol^{-1}

七、实验关键

1. 寒剂中，装冰量约占冰水总体积的1/2～2/3，控制冰水浴温度比待测系统凝固点低3～5℃，寒剂温差小，测量精密，需时长。当然，若有可能，可以用低温恒温槽来代替冰水浴，使操作条件稳定。

2. 往内管中注入环己烷、加入萘片以及搅拌时，应努力防止样品溅在器壁上。

3. 努力防止溶剂因骤冷而在管壁附近结成块晶体，尽可能减少溶液由里向外的温度梯度，不停地搅拌，除过冷回升外，其他时间里，搅拌注意要尽可能减少摩擦热。

4. 不同的溶剂，其凝固点降低常数值不同。选择溶剂时，使用 K_f 值大的溶液是有利的。本实验选用环己烷比苯好，因为其凝固点降低常数 K_f 约为苯的4倍，毒性也大大降低。

5. 如不用外推法求溶液凝固点，一般 ΔT_f 偏高。本实验的误差主要来自过冷程度的控制，可通过控制搅拌速度和寒剂的温度来实现。每次测定应按要求的速度搅拌(注意：要保持搅拌头不与试管内壁摩擦)，并且测纯溶剂与溶液凝固点时搅拌条件要完全一致。寒剂温度过高会导致冷却太慢，过低则测不出正确的凝固点。

6. 实验发现，纯溶剂凝固时得不到水平线，这是由于市售的环己烷含少量水所致。

7. 控制过冷程度在0.2℃以内。溶液的凝固点随着溶剂的析出而不断下降，冷却曲线上得不到温度不变的水平线段，因此，在测定一定浓度溶液的凝固点时，析出固体越少，测得的凝固点越准确。

8. 在高温高湿季节不宜做此实验，因为溶剂易吸水，水蒸气进入测量体系如同增加溶质的质点数，导致所测结果容易偏低。

八、思考与分析

1. 根据什么原则考虑加入溶质的量，太多太少会有何影响？

解　根据稀溶液依数性，溶质加入量要少；而对于称量相对精密度来说，溶质不能太少。

2. 搅拌速度过快和过慢对实验有何影响？

解　在温度逐渐降低过程中，搅拌过快，不易过冷；搅拌过慢，体系温度不均。温度回升时，搅拌过快，回升最高点因搅拌热而偏高；过慢，使溶液凝固点测值偏低。因此，搅拌的作用一是使体系温度均匀，二是供热(尤其是刮擦器壁)，促进固体新相的形成。

3. 凝固点下降是根据什么相平衡体系中的哪一类相线？

解　二组分低共熔体系中的凝固点降低曲线，也称对某一纯物质饱和的析晶线。

九、拓展内容

1. 试从各角度比较冰点与三相点之间的区别，并分析造成此现象的原因。
2. 根据稀溶液具有的依数性性质，探讨测量物质摩尔质量的其他方法。
3. 除非挥发性溶质二组分稀溶液外，试通过查阅资料了解其他组分稀溶液的依数性。

实验八　蔗糖水解速率常数的测定

一、实验知识点

1. 掌握蔗糖水解反应中反应物浓度与旋光度的关系。
2. 能叙述作图法求蔗糖水解速率常数的原理。

二、实验技能

1. 掌握旋光仪的基本原理和正确使用方法。
2. 能够根据物质的旋光性质，测定蔗糖转化反应的速率常数和半衰期。
3. 能够运用作图法求出蔗糖水解速率常数。

三、实验原理

本实验利用物质的旋光性测定蔗糖水解反应的速率常数。

蔗糖在酸性溶液中转化反应如下：

$$\underset{\text{蔗糖}}{C_{12}H_{22}O_{11}} + H_2O \longrightarrow \underset{\text{葡萄糖}}{C_6H_{12}O_6} + \underset{\text{果糖}}{C_6H_{12}O_6}$$

在 H^+ 浓度和水量保持不变时，反应速率可表示为：

$$-\frac{\mathrm{d}c}{\mathrm{d}t}=kc \tag{2.8.1}$$

积分后可得：

$$\ln\frac{c}{c_0}=-kt \tag{2.8.2}$$

式中：c 为时间 t 时的反应物浓度；

c_0 为反应开始时的反应物浓度。

本反应中，反应物及产物均具有旋光性，且旋光能力不同，故可用系统反应过程中旋光度的变化来量度反应的过程。在溶剂、浓度、温度、光源、波长等条件固定时，旋光度与反应物浓度成线性关系：

$$\alpha = k'c$$

式中：比例常数 k' 与物质的旋光度、溶剂性质、样品管长度、温度等均有关。

蔗糖是右旋性的物质，其比旋光度 $[\alpha]_D^{293} = 66.6° \cdot cm^2 \cdot g^{-1}$；生成物中葡萄糖也是右旋性的物质，其比旋光度 $[\alpha]_D^{293} = 52.5° \cdot cm^2 \cdot g^{-1}$；但果糖是左旋性的物质，其比旋光度 $[\alpha]_D^{293} = -91.9° \cdot cm^2 \cdot g^{-1}$。反应过程中，系统的右旋角不断减小，反应完全时，系统变为左旋。

设最初的旋光度为 α_0，最后的旋光度为 α_∞，则：

$$\alpha_0 = k'_{反} c_0 \text{（}t=0\text{，蔗糖尚未转化）} \tag{2.8.3}$$

$$\alpha_\infty = k'_{生} c_0 \text{（}t=\infty\text{，蔗糖全部转化）} \tag{2.8.4}$$

式中：$k'_{反}$、$k'_{生}$ 分别为反应物与生成物的比例常数；

c_0 为反应物的初始浓度，亦即生成物的最后浓度。

当时间为 t 时，蔗糖的浓度为 c，旋光度为 α_t，则：

$$\alpha_t = k'_{反}\, c + k'_{生}(c_t - c) \tag{2.8.5}$$

由式(2.8.3)～式(2.8.5)，得：

$$c_0 = \frac{\alpha_0 - \alpha_\infty}{k'_{反} - k'_{生}} = K(\alpha_0 - \alpha_\infty)$$

$$c = \frac{\alpha_t - \alpha_\infty}{k'_{反} - k'_{生}} = K(\alpha_t - \alpha_\infty)$$

将上述关系式代入式(2.8.2)，得：

$$\ln(\alpha_t - \alpha_\infty) = -kt + \ln(\alpha_0 - \alpha_\infty)$$

以 $\ln(\alpha_t - \alpha_\infty)$-$t$ 作图，从直线斜率可以求得反应的速率常数 k。

四、仪器和试剂

1. 仪器：旋光仪（结构见图 2.8.1）1 台，恒温水浴装置 1 套，移液管若干等。

2. 试剂：2.0mol·L^{-1} 盐酸，10% 蔗糖溶液等。

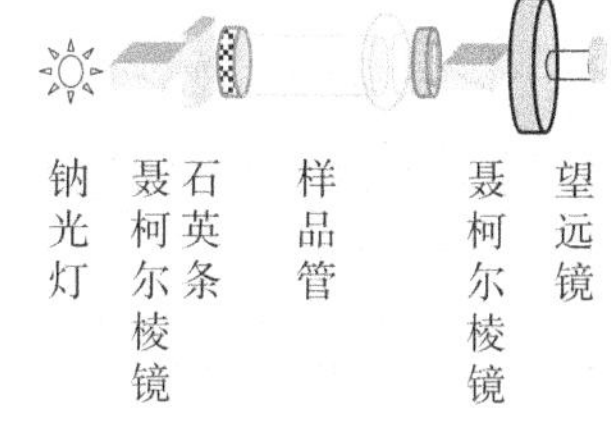

图 2.8.1　旋光仪

五、实验步骤

1. 恒温准备

通常第 1 次恒温取 298K。求活化能则需测 2 个温度，第 2 次恒温选取 308K。将 10% 的蔗糖水溶液置于恒温水浴中，并令循环水经由旋光仪中玻璃恒温夹套样品管，开动电动搅拌。

2. 测纯水比旋光度

在样品管中注入蒸馏水，使液面形成凸液面，取玻璃盖片沿管口轻轻推入盖好，再旋紧管盖（勿用力过猛），使玻璃片紧贴旋光管，勿使其漏水，且管内应无气泡。旋光管放入旋光仪暗箱中，开启电源预热后，调零并练习观察三分视野消失操作。

3. 蔗糖溶液试样混合

将 50mL 2.0mol·L^{-1} 盐酸加入 50mL 10% 蔗糖溶液中，在酸被加至一半时开动秒表计时。

4. 测 α_t

将混合液移至样品管中(光路通道中不能有气泡),每隔 5min 调节三分视野消失,记下旋光度。直到旋光值转为负值为止。

5. 测 α_∞

将混合液放置 2d 或者放入预热至 50～60℃的水浴中 40min 后冷却至实验温度,测得反应完全的终点旋光度。

6. 计算

求反应的速率常数 k。由两温度下的速率常数求活化能。

六、数据处理

1. 蔗糖比旋光度$[\alpha]_D^{293}=66.6°\cdot cm^2\cdot g^{-1}$,一般而言,数据可控制在$(66.0\pm1.0)°\cdot cm^2\cdot g^{-1}$。

2. 用公式$[\alpha]_D^{293}=\frac{100\alpha}{Lc}$计算实验数据,并与手册中查得的蔗糖比旋光度$[\alpha]_D^T=[\alpha]_D^{293}[1-3.7\times10^{-4}(T-293)]$($T$ 的单位为 K,适用范围为 288～303K)进行比较。

3. 将时间 t、旋光度$(\alpha_t-\alpha_\infty)$、$\ln(\alpha_t-\alpha_\infty)$列表。

4. 作 $\lg(\alpha_t-\alpha_\infty)-t$ 图,由直线斜率求出两温度下的 $k(T_1)$和 $k(T_2)$,以及各自的反应半衰期,由图外推法求 $t=0$ 时的 $\alpha_0(T_1)$和 $\alpha_0(T_2)$。

5. 利用 Arrhenius 公式,由 $k(T_1)$和 $k(T_2)$求其平均活化能。

七、实验关键

1. 能正确而较快地测读旋光仪的读数,初操作仪器者通过测蔗糖比旋光度而得到练习。

2. 温度对实验数据的影响大,要注意整个实验时间内恒温,如无样品管恒温夹套,旋光管离开恒温水浴时间应短。根据实验数据,当 H^+ 浓度为 $1mol\cdot L^{-1}$、蔗糖溶液浓度为 10%时,则:

$$k(304K)=3.35\times10^{-2}min^{-1} \qquad k(313K)=7.92\times10^{-2}min^{-1}$$

由以上数据求得在 304～313K 温度范围内平均活化能 $E_a\approx71kJ\cdot mol^{-1}$。

由此可见,本实验的实验温度范围最好控制在 288～303K。温度过高,反应太快,读数将变得困难。

3. HCl 浓度也要配制正确,H^+ 浓度对速率常数有影响,影响情况见表 2.8.1。若酸浓度不准,不论数据线性关系再好,k 值都偏离文献数据。

表 2.8.1 HCl 浓度对蔗糖水解速率常数的影响(蔗糖溶液浓度均为 10%)

$c_{HCl}/(mol\cdot L^{-1})$	$k(298K)/(\times10^{-3}min^{-1})$	$k(308K)/(\times10^{-3}min^{-1})$	$k(318K)/(\times10^{-3}min^{-1})$
0.0502	0.4169	1.738	6.213
0.2512	2.255	9.355	35.86

续表

$c_{HCl}/(mol \cdot L^{-1})$	$k(298K)/(\times 10^{-3} min^{-1})$	$k(308K)/(\times 10^{-3} min^{-1})$	$k(318K)/(\times 10^{-3} min^{-1})$
0.4137	4.043	17.00	60.62
0.9000	11.16	46.76	148.8
1.214	17.455		

4. HCl与蔗糖都要预恒温至实验温度，否则将影响初始几点的实验真实温度。

八、思考与分析

1. 旋光度的零点校正有何意义？

解　蔗糖是否纯，通过测比旋光度来鉴定。另外，零点校正有利于近终点的判断，即旋光性由右旋变到左旋。

2. 为什么配蔗糖溶液可用粗天平称量？

解　其一，对于这个假单分子(二级)反应，由于大量水存在，虽有部分水分子参加反应，但在反应过程中水的浓度变化极小，所以只要蔗糖浓度不太高，水的浓度变化对反应速率的影响不大。其二，尽管蔗糖的转化速率与蔗糖浓度、酸浓度、温度及催化剂种类有关，但速率常数 k 与其中的蔗糖浓度无关，是可以从公式看出的。

3. 在混合蔗糖溶液和盐酸时，为什么将盐酸倒入蔗糖溶液中，如果将蔗糖溶液加到盐酸中，对实验是否有影响？

解　有影响。如果将蔗糖加入盐酸中，蔗糖的起始浓度就是一个变化的值，而且先加入的蔗糖会水解，从而影响起始浓度和反应速率。而将盐酸加入蔗糖溶液中，由于此时水是大量的，消耗的水可忽略不计，所以该反应可看作是一级反应，反应速率只与蔗糖的浓度有关，盐酸只作催化剂。

九、拓展内容

1. 拟设计测有色香精油(红棕色水溶液)旋光度的简易方法。
2. 如果没有 α_∞ 数据(或者反应未趋于完全)，试分析如何求得反应的速率常数。

实验九　乙酸乙酯皂化反应

一、实验知识点

1. 掌握二级反应的特点。
2. 能够叙述电导法测定二级反应速率常数的原理。

二、实验技能

1. 能够正确使用电导率仪。

2. 学会用图解法验证二级反应特点。

3. 能够运用电导法完成乙酸乙酯皂化反应的速率常数和反应活化能的测定。

三、实验原理

这是一个典型的二级反应，早在1887年，Ostwald、Arrhenius等人分别发表了乙酸乙酯皂化反应的研究结果。1927年，Terry总结了前人的工作并公布了自己的测定结果。其动力学特征至今仍在继续研究中。

$$CH_3COOC_2H_5 + NaOH \longrightarrow CH_3COONa + C_2H_5OH$$

	$CH_3COOC_2H_5$	$NaOH$	CH_3COONa	C_2H_5OH
$t=0$	a	b	0	0
$t=t$	$a-x$	$b-x$	x	x
$t=\infty$	$a-c$	$b-c$	c	c

溶液中的导电离子有 Na^+、OH^- 和 CH_3COO^-，而 Na^+ 在反应前后的浓度不变。该反应的速率方程可写为：

速率常数

$$\frac{dx}{dt}=k(a-x)(b-x) \tag{2.9.1}$$

反应时间　初始浓度

当 $a=b=c$ 时，积分得：

$$kt=\frac{x}{a(a-x)} \tag{2.9.2}$$

即如果能得到不同时刻对应的 x 值，就可以结合 c 值，利用关系式(2.9.2)求出反应的速率常数 k。

为了获得 x 的值，我们可以采用滴定 OH^- 浓度或测溶液电导的方法。滴定操作相对复杂，本实验采用测溶液电导的方法。由于 OH^- 比 CH_3COO^- 的导电能力强得多，因而反应过程中溶液体系的电导值主要随 OH^- 的降低而降低。且在一定浓度范围内，溶液体系电导 G 的变化量同 OH^- 浓度的变化量成正比关系。此时，速率方程(2.9.2)可写为：

$$\frac{1}{a}\frac{G_0-G_t}{G_t-G_\infty}=kt \tag{2.9.3}$$

显然，经改写后，以 G_t -$\frac{G_0-G_t}{t}$ 作图可得一直线，其斜率等于 $1/(ka)$，从而求得速率常数 k。二级反应的半衰期为：

$$t_{1/2}=\frac{1}{ka} \tag{2.9.4}$$

在温度变化不大的范围内，利用Arrhenius公式求活化能：

$$\lg\frac{k_2}{k_1}=\frac{E_a}{2.303R}\left(\frac{1}{T_1}-\frac{1}{T_2}\right) \tag{2.9.5}$$

若反应物的初始浓度 $a\neq b$，t 时刻电导为：

$$G_{NaOH}=\frac{G_0(b-x)}{b}$$

$$G_{乙酸乙酯}=\frac{G_c x}{c}$$

式中：G_c 是反应完成后体系中产物 CH_3COONa 的电导。

体系在 t 时的电导为：

$$G_t=G_0\frac{b-x}{b}+G_c\frac{x}{c}$$

由此解得：

$$x=\frac{G_t-G_0}{\frac{G_c}{c}-\frac{G_0}{b}} \tag{2.9.6}$$

代入初始浓度不等的二级反应速率方程的积分式：

$$\frac{1}{a-b}\ln\frac{b(a-x)}{a(b-x)}=kt$$

即得：

$$\ln\frac{G_t+G_0(\frac{a}{b}-1)-G_c\frac{a}{c}}{G_t-G_c\frac{b}{c}}=k(a-b)t+\ln\frac{a}{b} \tag{2.9.7}$$

设 $a>b$，则 $c=b$，上式简化为：

$$\ln\frac{G_t+G_0(\frac{a}{b}-1)-G_c\frac{a}{b}}{G_t-G_c}=k(a-b)t+\ln\frac{a}{b} \tag{2.9.8}$$

设 $a<b$，则 $c=a$，上式简化为：

$$\ln\frac{G_t+G_0(\frac{a}{b}-1)-G_c}{G_t-G_c\frac{b}{a}}=k(a-b)t+\ln\frac{a}{b} \tag{2.9.9}$$

四、仪器和试剂

1. 仪器：恒温水浴装置1套，电导率仪（DDS－11A型或数字电导率仪）1台，特制的Y形管电导池1台等。

2. 试剂：$0.02mol \cdot L^{-1}CH_3COOC_2H_5$ 溶液，$0.02mol \cdot L^{-1}NaOH$ 溶液等。

五、实验步骤

1. 恒温准备

配制 $0.02mol \cdot L^{-1}NaOH$ 溶液和同浓度的 $CH_3COOC_2H_5$ 溶液各10mL，分装于Y形管两侧，置于恒温槽中；通常恒温298K，若测两个温度来求活化能，则第二次恒温选取308K。配制 $0.01mol \cdot L^{-1}NaOH$ 溶液，以此浓度作为 c_0。注意：配液均用新鲜煮沸的蒸馏水。

2. 电导率仪校正

校满度(每测必校),校电导池常数,调量程倍率开关,测 0.01mol · L^{-1} NaOH 溶液的电导率。

3. 试样混合

在恒温下将 Y 形管中的两液混合均匀,同时开动秒表计时。

4. 定时记录 κ_t

每隔 5min 记 1 次电导率数值,1h 后结束。

5. 测第二个温度

升温到 308K,从步骤 1 开始再测。

6. 结束

关闭电源,取出电极并用蒸馏水洗净。烘干 Y 形管备用。

六、数据处理

1. 将实验数据填入表 2.9.1 及表 2.9.2。

表 2.9.1 实验数据记录表 1

恒温 298K　$\kappa_0=2.46\times10^3\mu S\cdot cm^{-1}$　$c_{CH_3COOC_2H_5}=$______　$c_{NaOH}=$______

t/min											
$\kappa_t/(\times10^3\mu S\cdot cm^{-1})$											
$(\kappa_0-\kappa_t)/t/$ $(\times10^3\mu S\cdot cm^{-1}\cdot min^{-1})$											

表 2.9.2 实验数据记录表 2

恒温 308K　$\kappa_0=2.86\times10^3\mu S\cdot cm^{-1}$　$c_{CH_3COOC_2H_5}=$______　$c_{NaOH}=$______

t/min										
$\kappa_t/(\times10^3\mu S\cdot cm^{-1})$										
$(\kappa_0-\kappa_t)/t/$ $(\times10^3\mu S\cdot cm^{-1}\cdot min^{-1})$										

2. 根据实验数据分别作 298K、308K 时的 κ_t -$(\kappa_0-\kappa_t)/t$ 图。由 κ_t -$(\kappa_0-\kappa_t)/t$ 图的直线斜率可求得反应的速率常数 k。再利用 Arrhenius 公式求反应的平均活化能。

3. 参考文献进行误差分析。

文献值:$\lg k=-1780/T+0.00754T+4.53$($T$ 的单位为 K)

七、实验关键

1. 为避免溶于水中的CO_2引起NaOH浓度的变化，配制NaOH溶液要用无CO_2(通常先煮沸)的冷却蒸馏水；盛装NaOH溶液的容器需配碱石灰吸收装置，以防止空气中的CO_2进入而影响浓度。

2. 配制反应物氢氧化钠和乙酸乙酯的浓度相同，可确定为2A级反应，否则，便是A-B级反应。

3. 温度对实验数据的影响大，两反应物混合前需在反应温度下恒温10min，否则会因起始时温度的不恒定而使电导偏低或偏高，导致实验作图线性不佳，对于强电解质溶液，$\lambda_0=\lambda_{0.298}[1+0.02(T-298)]$($T$的单位为K)。

4. 经恒温的反应物在Y形管中的直、侧支管间多次来回往复混合以确保迅速混合均匀。

5. 反应器和电导电极要洗净并干燥，镀铂的电导电极不可用纸擦拭，也切勿接触铂。

6. 由于稀的乙酸乙酯水溶液会缓慢水解，因此，乙酸乙酯水溶液浓度会受影响，且产物乙醇又会消耗部分NaOH，所以乙酸乙酯水溶液需要临时配制。

八、思考与分析

1. 当反应物初始浓度相同时，只要测量不同时刻的溶液电导G_t，无需测量G_0也可求得k?

解　式(2.9.3)改写为：

$$G_t = G_0 + ka(G_\infty - G_t)t \tag{2.9.10}$$

若在时间为$t+\tau$时溶液的电导为$G_{t+\tau}$，根据式(2.9.10)得：

$$G_{t+\tau} = G_0 + ka(G_\infty - G_{t+\tau})(t+\tau)$$

上述两式相减，得：

$$G_t - G_{t+\tau} = ka[\tau G_{t+\tau} - t(G_t - G_{t+\tau})] - ka\tau G_\infty \tag{2.9.11}$$

式(2.9.11)表明，反应在一定温度下指定时间间隔τ后，此式为一直线方程。因此，在定温下测量一系列t时刻的G_t，以及再经过τ时刻后的电导值$G_{t+\tau}$，以$G_t-G_{t+\tau}$为纵坐标，$\tau G_{t+\tau}-t(G_t-G_{t+\tau})$为横坐标作图，应为一条直线。由其斜率即可得速率常数k。为了得到精确结果，必须注意起始时间t和时间间隔τ应是反应半衰期的2～3倍，当NaOH浓度为$0.02\text{mol}\cdot\text{L}^{-1}$时，$\tau$一般选为30min。即：

$$G_t - G_{t+30} = ka[30G_{t+30} - t(G_t - G_{t+30})] - 30kaG_\infty$$

2. 为什么用$0.01\text{mol}\cdot\text{L}^{-1}$NaOH和$0.01\text{mol}\cdot\text{L}^{-1}$$CH_3COONa$溶液测其电导就可以认为是$G_0$和$G_\infty$?

解　NaOH和CH_3COONa是强电解质，假定它们在稀溶液中完全离解。乙酸乙酯、乙醇和水对电导无贡献，且$0.02\text{mol}\cdot\text{L}^{-1}$的NaOH和$0.02\text{mol}\cdot\text{L}^{-1}$的乙酸乙酯混合，$OH^-$的浓度就是$0.01\text{mol}\cdot\text{L}^{-1}$。同理，$0.01\text{mol}\cdot\text{L}^{-1}$的$CH_3COONa$代表了反应完全(此反应不可逆)，即$OH^-$消耗完时的$CH_3COO^-$的浓度。因此，它们分别代表了$G_0$和$G_\infty$。

3. 本实验怎样求反应活化能?

解　求出两个不同温度下的速率常数，利用Arrhenius公式求得反应活化能。

九、拓展内容

1. 乙酸乙酯浓度 a 和 NaOH 浓度 b 不相同时，试求速率常数 k。
2. 试通过实验来验证乙酸乙酯皂化反应为二级反应。

实验十 振荡反应

一、实验知识点

1. 了解 BZ 振荡反应(Belousov - Zhabotinskiy 反应)的基本原理。
2. 初步理解自然界中普遍存在的非平衡、非线性问题。
3. 测定 BZ 振荡反应在不同温度下的诱导时间及振荡周期，并计算在实验温度范围内反应的诱导活化能和振荡活化能。

二、实验技能

1. 能够顺利而正确地搭建起整套实验装置(超级恒温水浴装置、振荡反应器等)。
2. 独立完成用 RZOAS - 2S 振荡反应器测定不同温度下的反应过程。
3. 学会用振荡反应软件操作整个实验以及处理实验中遇到的问题。

三、实验原理

非平衡、非线性问题是自然科学领域中普遍存在的问题，大量的研究工作正在进行。研究的主要问题是：体系在远离平衡的状态下，由于本身的非线性动力学机制而产生宏观时空有序结构，称为耗散结构。最典型的耗散结构是 BZ 体系的时空有序结构。所谓 BZ 体系，是指由溴酸盐、有机物在酸性介质中，在有(或无)金属离子催化剂催化下构成的体系。这个反应首先由苏联科学家 Belousov 发现，后经 Zhabotinskiy 深入研究而得名，故称为 BZ 振荡反应。1972 年，Fiela 等人通过实验对 BZ 振荡反应作出了解释。其主要思想是：体系中存在两个受溴离子浓度控制的过程——A 和 B。当$[Br^-]$高于临界浓度$[Br^-]_{critical}$时发生 A 过程，当$[Br^-]$低于$[Br^-]_{critical}$时发生 B 过程。也就是说，$[Br^-]$起着类似开关的作用，它控制着从 A 到 B 过程的发生，再由 B 到 A 过程的转变。在 A 过程中，随着化学反应的进行，$[Br^-]$降低。当$[Br^-]<[Br^-]_{critical}$时，B 过程发生。在 B 过程中，Br^- 再生，$[Br^-]$增大，当$[Br^-]>[Br^-]_{critical}$时，A 过程发生。这样体系就在 A 过程和 B 过程间往复振荡。下面以 $BrO_3^- - Ce^{4+} - MA - H_2SO_4$ 体系为例加以说明。

当$[Br^-]$足够高时，发生下列 A 过程：

$$BrO_3^- + Br^- + 2H^+ \xrightarrow{k_1} HBrO_2 + HOBr \tag{2.10.1}$$

$$HBrO_2 + Br^- + H^+ \xrightarrow{k_2} 2HOBr \tag{2.10.2}$$

其中，式(2.10.1)是速率控制步骤。当达到准定态时，有：

$$[HBrO_2] = \frac{k_1}{k_2}[BrO_3^-][H^+]$$

反应中产生的 HOBr 能进一步反应，使丙二酸溴化：

$$HOBr + Br^- + H^+ \longrightarrow Br_2 + H_2O$$

$$Br_2 + CH_2(COOH)_2 \longrightarrow BrCH(COOH)_2 + Br^- + H^+$$

当 Br^- 浓度低时，发生下列 B 过程，Ce^{3+} 被氧化：

$$BrO_3^- + HBrO_2 + H^+ \xrightarrow{k_3} 2BrO_2 + H_2O \qquad (2.10.3)$$

$$BrO_2 + Ce^{3+} + H^+ \xrightarrow{k_4} HBrO_2 + Ce^{4+} \qquad (2.10.4)$$

$$2HBrO_2 \xrightarrow{k_5} BrO_3^- + HOBr + H^+ \qquad (2.10.5)$$

反应(2.10.3)是速率控制步骤。经反应(2.10.3)、(2.10.4)将自催化产生 $HBrO_2$，达到准定态时，有：

$$[HBrO_2] \approx \frac{k_3}{2k_5}[BrO_3^-][H^+]$$

由反应(2.10.2)和(2.10.3)可以看出：Br^- 和 BrO_3^- 是竞争 $HBrO_2$ 的。当 $k_2[Br^-] > k_3[BrO_3^-]$时，自催化过程(2.10.3)不可能发生。自催化是 BZ 振荡反应中必不可少的步骤，否则该振荡不能发生。Br^- 的临界浓度为：

$$[Br^-] = \frac{k_3}{k_2}[BrO_3^-] = 5 \times 10^{-6}[BrO_3^-]$$

Br^- 的再生可通过下列过程实现：

$$4Ce^{4+} + BrCH(COOH)_2 + H_2O + HOBr \xrightarrow{k_6} 2Br^- + 4Ce^{3+} + 3CO_2 + 6H^+ \qquad (2.10.6)$$

该体系的总反应为：

$$2H^+ + 2BrO_3^- + 3CH_2(COOH)_2 \longrightarrow 2BrCH(COOH)_2 + 3CO_2 + 4H_2O \qquad (2.10.7)$$

振荡反应的控制物种是 Br^-。

在实验过程中，溶液的电势随物种浓度的变化而周期性地变化，因此，记录下电势-时间曲线就可以推测溶液中发生的变化。图 2.10.1 为本实验的装置示意图。BZ 振荡反应数据采集接口装置记录铂电极与参比电极间的电势，以及温度传感器的信号，经过转换以后传送到计算机，计算机同时记录时间，就可以得到电势-时间曲线。

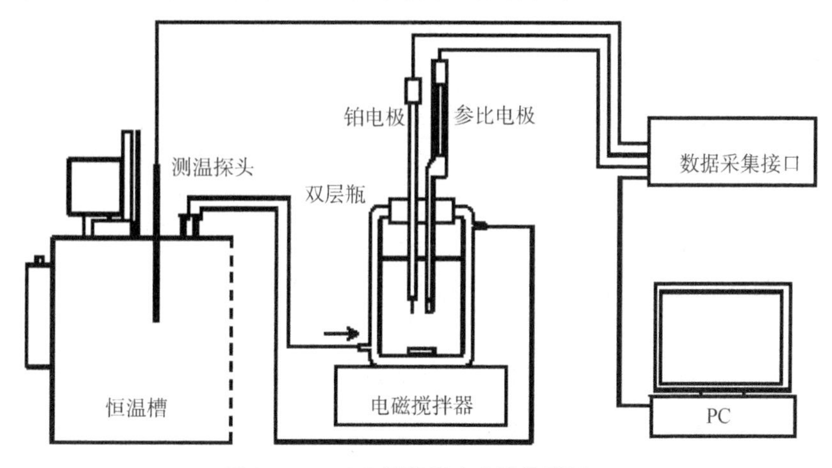

图 2.10.1　BZ 振荡反应实验装置图

根据电势-时间曲线，从加入硫酸铈铵到开始发生周期性振荡的时间为诱导时间 $t_{诱}$。诱导时间与速率常数成反比，即 $1/t_{诱} \propto k$，而根据 Arrhenius 公式，可知 $k = A\exp[-E_{表}/(RT)]$，从而可得到：

$$\ln(1/t_{诱}) = \ln B - E_{表}/(RT) \tag{2.10.8}$$

式中：A、B 均为常数；

$E_{表}$ 为表观活化能。

如果测出不同反应温度下的 $t_{诱}$，然后以 $\ln(1/t_{诱})$ 对 $1/T$ 作图，就可以由斜率求出表观活化能 $E_{表}$。

四、仪器和试剂

1. 仪器：反应器(100mL，双层瓶)1 只，超级恒温水浴装置 1 套，振荡反应器 1 套，烧杯若干，量筒若干，培养皿(直径为 9cm)1 只等。

2. 试剂：丙二酸(AR)，溴酸钾(GR)，浓硫酸(AR)，硫酸铈铵(AR)，溴酸钠(AR)，溴化钠(AR)，试亚铁灵溶液等。

五、实验步骤

1. 按图 2.10.1 所示连好仪器，其中铂电极接接口装置电压输入正端(+)，参比电极接接口装置电压输入负端(−)。打开超级恒温槽，将温度调节至(25.0±0.1)℃。

2. 配制 0.45mol·L^{-1}丙二酸溶液 250mL，0.25mol·L^{-1}溴酸钾溶液 250mL，3.00mol·L^{-1}硫酸 250mL，0.004mol·L^{-1}硫酸铈铵溶液 250mL。

3. 打开计算机和 BZ 振荡反应的软件，预热 10min。运行软件，根据使用说明设置各项参数。

4. 在 100mL 反应器中加入配制好的丙二酸溶液、溴酸钾溶液、硫酸各 15mL，另取硫酸铈铵溶液 15mL，置于恒温槽中进行恒温。恒温 5min 后，将 15mL 已恒温的硫酸铈铵溶液加入反应器中，立即点击软件中的"开始"按钮，记录相应的电势-时间曲线，同时观察溶液的颜色变化，反应到设置时间后停止记录。

5. 把反应器内溶液倒出，用蒸馏水清洗反应器和电极。

6. 改变温度为 30℃、35℃、40℃、45℃、50℃，重复步骤 4、5 进行实验。

7. 实验完成后，单击"退出"键退出，将此次实验不同反应温度下的起波时间保存入文件。

8. 在 BZ 振荡反应的软件的"数据处理"中，对实验数据进行处理，求出表观活化能 $E_{表}$。

9. 观察 $NaBr - NaBrO_3 - H_2SO_4$ 体系加入试亚铁灵溶液后的颜色变化及时空有序现象。

(1) 配制三种溶液 a、b、c

a. 量取 134mL 水置于 250mL 烧杯中，移取 3mL 浓硫酸并在水中稀释，称取 10g 溴酸钠溶解在稀释后的硫酸中。

b. 量取 10mL 水在 25mL 烧杯中，称取 1g 溴化钠溶解在水中。

c. 量取 20mL 水在 50mL 烧杯中，称取 2g 丙二酸溶解在水中。

(2) 取25mL烧杯1只，先后量取6mL a溶液、0.5mL b溶液、1mL c溶液置于烧杯中，混合后静置几分钟，此时溶液成无色，再量取1mL 0.025mol·L^{-1}的试亚铁灵溶液至烧杯中并充分混合。

(3) 将步骤(2)中混合的溶液倒入一个直径为9cm、清洁干净的培养皿中，盖上盖子，此时溶液呈均匀红色。几分钟后，溶液出现蓝色并成环状向外扩展，形成各种同心圆状花纹。

六、数据处理

1. 从软件中准确读出诱导时间 $t_{诱}$ 和振荡周期。
2. 根据 $t_{诱}$ 与温度数据作 $\ln(1/t_{诱})-1/T$ 图，求出表观活化能。

七、实验关键

1. 实验中溴酸钾试剂纯度要求高。
2. 217型甘汞电极洗净氯化钾溶液后注入1mol·L^{-1}硫酸作液接，组成参比电极。
3. 配制0.004mol·L^{-1}的硫酸铈铵溶液时，一定要在0.20mol·L^{-1}硫酸介质中配制。防止发生水解而呈混浊。
4. 所使用的反应容器一定要冲洗干净，转子位置及速率都必须加以控制。
5. 注意电脑及软件系统的稳定。

八、思考与分析

1. 影响诱导期的主要因素有哪些？

解　温度、酸度、催化剂、离子活性、各离子的浓度、搅拌速率。

2. 本实验记录的电势主要代表什么意思？它与Nernst方程求得的电动势有何不同？

解　本实验记录的电势代表振荡过程中系统的综合电势，主要反映了反应过程中离子的浓度随着反应进程的变化，是非平衡态的电势。

而Nernst方程求得的电动势是平衡时的电势，而且Nernst方程中的参比电极为标准氢电极，而本实验用甘汞电极为参比电极。

九、拓展内容

1. 其他卤素离子(如Cl^-、I^-)都可以与$HBrO_2$反应，如果在振荡反应的开始或中间加入这些离子，会出现什么现象？
2. 试结合热力学第二定律讨论BZ振荡系统的熵变化。

实验十一　弱电解质电离常数的测定

一、实验知识点

1. 知道电导、电导率、摩尔电导率的基本概念以及它们之间的相互关系。
2. 掌握电导法测定弱电解质电离平衡常数的原理。

二、实验技能

1. 掌握电导率仪的使用方法。
2. 能够用电导法测定醋酸的电离平衡常数。

三、实验原理

在一定温度下，醋酸在水溶液中离解达到平衡时，电离平衡常数 K_c、物质的量浓度 c 和电离度 α 有如下关系：

$$K_c = \frac{c\alpha^2}{1-\alpha} \tag{2.11.1}$$

在无机化学实验中，我们曾用 pH 计法来测定醋酸的电离常数，也可通过电导法来测定。这是因为电解质溶液属第二类导体，它是靠正负离子的迁移传递电流的。溶液的导电本领，可用电导率来表示。

弱电解质的电离度 α 随溶液稀释而增大，在一定浓度范围内，随着溶液的稀释，溶液中离子浓度增大。对于弱电解质，可近似认为，溶液的摩尔电导率 Λ_m 仅与溶液中离子的浓度成正比，α 与 Λ_m 之间有如下关系：

$$\alpha = \frac{\Lambda_m}{\Lambda_m^\infty} \tag{2.11.2}$$

联合式(2.11.1) 和式(2.11.2)，可以得到：

$$K_c = \frac{c\Lambda_m^2}{\Lambda_m^\infty(\Lambda_m^\infty - \Lambda_m)} \tag{2.11.3}$$

这样，测定电离平衡常数的问题可以通过测电导率的方法解决，这就是电导法测平衡常数的基本原理。

摩尔电导率和电导率之间的关系为：

$$\Lambda_m = \frac{\kappa}{c} \tag{2.11.4}$$

根据离子独立运动定律，Λ_m^∞ 可从离子的无限稀释的摩尔电导率计算出来，Λ_m 则可通过测定电导率后再由式(2.11.4) 求得，最后通过式(2.11.3) 计算可得在一定温度下的 K_c 值。

四、仪器和试剂

1. 仪器：电导率仪 1 台，恒温水浴装置 1 套，容量瓶(100mL)5 个，移液管(25mL)1 支等。
2. 试剂：0.1000mol · L^{-1} 醋酸溶液等。

五、实验步骤

1. 恒温准备

将恒温槽温度调整为(25±0.1)℃。

2. 配制溶液

用标准 0.1000mol · L^{-1} 醋酸溶液配制经四次减半稀释的系列溶液。

3. 记录各配制液电导率

用移液管取 20mL 0.1000mol·L^{-1}醋酸溶液于清洁干净试管中，电极先用电导水荡洗并用滤纸吸干，然后用待测溶液冲洗后，放入待测液，经恒温后测其电导率。

4. 换试样

依次测量系列溶液。每换新液，须换另一清洁干净试管并充分恒温，并且须用电导水淋洗铂电极并用滤纸吸干电极上的水，注意切勿触及铂。

5. 测电导水电导率

另取一清洁干净试管，注入 20mL 电导水，测电导水的电导率。

六、数据处理

将实验所得的各浓度的醋酸溶液的相关数据填入表 2.11.1。

表 2.11.1　各浓度的醋酸溶液的数据

$c(\text{HAc})/(\text{mol}\cdot\text{L}^{-1})$	1×0.1000	$\frac{1}{2}\times0.1000$	$\frac{1}{4}\times0.1000$	$\frac{1}{8}\times0.1000$	$\frac{1}{16}\times0.1000$	电导水
$\kappa/(\text{S}\cdot\text{m}^{-1})$						
$\Lambda_m/(\text{S}\cdot\text{m}^2\cdot\text{mol}^{-1})$						
α						
K_c						
$\overline{K_c}$						

文献值：298K 时，$\Lambda_m^{\infty}(\text{HAc})=390.72\times10^{-4}\text{S}\cdot\text{m}^2\cdot\text{mol}^{-1}$，$K_c(\text{HAc})=1.789\times10^{-5}$。

七、实验关键

1. 电导受温度影响较大，温度偏高时其摩尔电导偏高，温度每升高 1K，电导平均增加 1.29%，即 $G_T=G_{298K}[1+0.01T-298]$（$T$ 的单位为 K）。因此，整个实验必须在同一温度下进行，每次测定电导率前应将待测溶液置于恒温槽中充分恒温。

2. 浓度亦是影响电导的重要因素。配制溶液时移液管应充分清洁并润洗；测定醋酸溶液的电导率时，应由稀至浓依次进行。

3. 普通蒸馏水是不良导体，但若溶有溶质，如 CO_2 和氨等杂质，它的电导显得很大，影响电导结果。实验所测的电导值是电解质和水的电导的总和。因此，做电导实验最好使用纯度较高的电导水（电导率应小于 $1\times10^{-4}\text{S}\cdot\text{m}^{-1}$）。其制备方法通常是在蒸馏水中加入少量 $KMnO_4$，用硬质玻璃蒸馏器再蒸馏一次。

八、思考与分析

1. 在实验完毕后，电导电极须保存在蒸馏水中，为什么？

解　铂电极镀铂的目的在于减少极化现象，且增加电极表面积，在测电导时有较高灵敏度。铂电极不用时，应保存在蒸馏水中，使所吸附的溶质脱附，并防止所镀铂干燥老化。

2. 摩尔电导率 Λ_m 是怎样定义的？醋酸溶液的极限（无限稀释）摩尔电导率 Λ_m^∞ 是如何求得的？

解 摩尔电导率 Λ_m 的定义是：在两电极的溶液之间含有 1mol 的电解质，两极相距 1cm 时其所具有的电导。

醋酸是弱电解质，Λ_m^∞(HAc)可经离子独立移动定律，由强电解质的 Λ_m^∞ 求出：

$$\Lambda_m^\infty(HAc) = \lambda_m^\infty(H^+) + \lambda_m^\infty(Ac^-) = \Lambda_m^\infty(HCl) + \Lambda_m^\infty(NaAc) - \Lambda_m^\infty(NaCl)$$

九、拓展内容

1. 生活中如何区别矿泉水、自来水和去离子水？
2. 水污染程度与水的电导率变化有密切关系吗？

实验十二　电池电动势的测定

一、实验知识点

1. 加深对电极、电极电势、电池电动势、可逆电池电动势等概念的理解。
2. 掌握对消法测定电池电动势的基本原理和电位差计的使用方法。
3. 学会一些金属电极和盐桥的制备方法。

二、实验技能

1. 能够独立制备锌电极、铜电极和实验中的盐桥。
2. 能够独立运用对消法测定电池电动势，并计算出锌电极和铜电极的电势。
3. 能够顺利而正确地搭建起实验装置。

三、实验原理

把化学能转变为电能的装置称为化学电源（或电池、原电池）。电池是由两个半电池（即电极）和连通两个电极的电解质溶液组成的。可逆电池的电动势为组成该电池的两个半电池的代数和，即正、负两个电极的电势之差。设正极电势为 φ_+，负极电势为 φ_-，则：

$$E=\varphi_+ - \varphi_-$$

若知道了一个电极的电极电势，通过测量这个电池的电动势就可计算出另一个电极的电极电势。目前，单个电极的电极电势的绝对值无法测定，手册上所列的电极电势均为相对电极电势，是以标准氢电极，即 $a_{H^+}=1$，$p_{H_2}=101325$Pa 时被氢气所饱和的铂电极（其电极电势规定为零）作为标准，与待测电极组成一电池，所测电池电动势就是待测电极的电极电势。但是由于氢电极使用不便，常用另外一些易制备、电极电势稳定的电极作为参比电极，如甘汞电极、银-氯化银电极等。这类电极与标准氢电极比较而得到的电势值已经被准确测定，可以在文献手册中查询得到。

本实验要求测定几种电池的电动势，进一步求得金属电极的电极电势。如可将待测铜电极和饱和甘汞电极组成如下电池：

$$Hg, Hg_2Cl_2 | KCl(饱和) || CuSO_4(0.100mol \cdot L^{-1}) | Cu$$

其电动势：

$$E = \varphi_+ - \varphi_- = \varphi_{Cu^{2+}|Cu} - \varphi_{饱和甘汞} = \varphi^{\ominus}_{Cu^{2+}|Cu} + \frac{RT}{2F}\ln a_{Cu^{2+}} - \varphi_{饱和甘汞}$$

在上式中，已经假设液体接界电势为零。通过实验测定 E 值，再根据一定温度下的 $\varphi_{饱和甘汞}$ 和溶液中 Cu^{2+} 的离子活度就可以得到金属铜的标准电极电势值 $\varphi^{\ominus}_{Cu^{2+}|Cu}$。

可逆电池的电动势不能直接用电压计或伏特计来测量。这是由于电池与伏特计相连接后，一方面，电池在这个放电回路中通过的电流会超过可逆测量通常所要求的 0.1mA 这一数值，此时电池内部由于存在内电阻而产生某一电位降，并在电池两极发生化学反应，电极被极化，溶液浓度发生变化，电池电动势不能保持稳定，很难获得电池的平衡电势值；另一方面，电池可理解为由一个理想电压源 E 和一个内阻 R_0 所组成，伏特计所测得的只是两极上的电位降，即电池的路端电压 U_{AB}。要准确测定电池的电动势，只有在电流无限小的情况下进行，让内阻 R_0 的电压降为零。电位差计就是利用对消法原理测量电池电动势的仪器 。

另外，当两种电极的不同电解质溶液接触时，在溶液的界面上总有液体接界电势存在。在测量电池电动势时，常应用“盐桥”使原来产生显著液体接界的两种溶液彼此不直接接触，使液体接界电势降低到可以忽略不计的程度。常用的是 KNO_3 和 KCl 盐桥。

四、仪器和试剂

1. 仪器：EM-2B 数字式电子电位差计 1 台，标准(镉汞)电池 1 台，电极管 2 支，毫安表 1 台，锌电极、铜电极、饱和甘汞电极各 1 支，稳压直流电源 1 台等。

2. 试剂：0.100mol · L^{-1} $ZnSO_4$ 溶液，0.100mol · L^{-1} $CuSO_4$ 溶液，饱和 $Hg_2(NO_3)_2$ 溶液，镀铜液等。

五、实验步骤

1. 制备电极

锌电极：先清理锌棒表面的氧化层，在硝酸亚汞溶液中浸 3～5s，再用滤纸轻轻擦拭，使锌电极表面覆以一均匀的汞齐薄层，消除金属表面机械应力对电极电势的影响，使电极的重现性好。

铜电极：先清理铜棒表面的氧化层，后按照电路图(图 2.12.1)搭好电镀装置，控制电流密度 20mA · cm^{-2}，电镀时间约 30min，使铜电极表面形成一层致密均匀的铜镀层，从而提高铜电极电势的重现性。

饱和甘汞电极：饱和甘汞电极已经商品化，只需在制备好的电极中加入饱和 KCl 溶液即可直接使用。

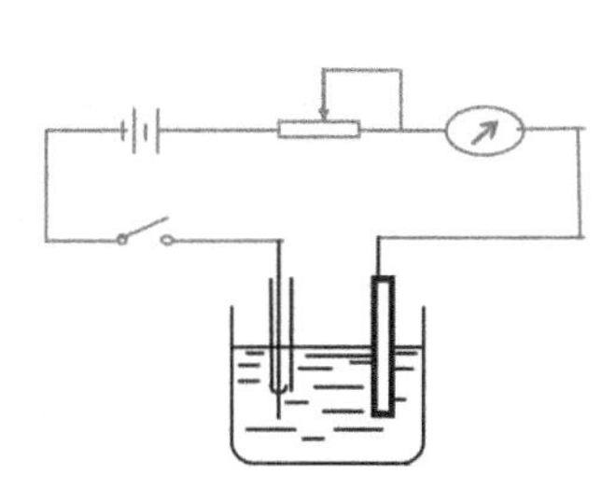

图 2.12.1 电镀线路图

2. 组合原电池

将锌电极、铜电极和饱和甘汞电极以饱和 KCl 溶液为盐桥，按照图 2.12.2 的方法分别组合为：锌-铜电池、锌-甘汞电池和甘汞-铜电池。

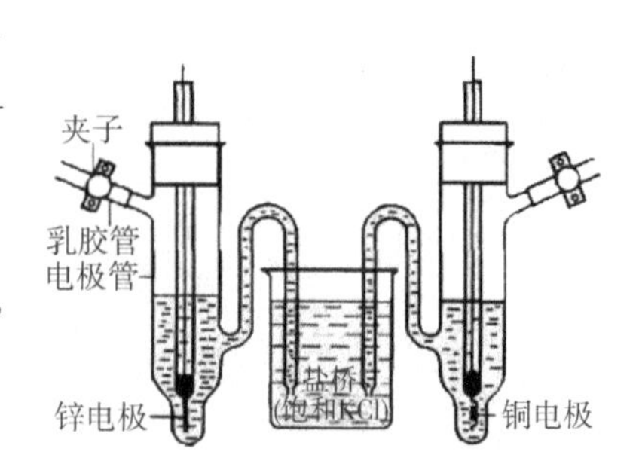

图 2.12.2　丹尼尔电池组合

3. 校正工作电流

计算并设定当前室温下标准电池的电动势，打“外标”挡，按“校准”按钮，使平衡指示值为零。

4. 测定电动势

换“测量”挡测定未知电池电动势，旋转测量旋钮使平衡指示值为零，注意电池正、负极。每组电池测三次，取平均值。

六、数据处理

1. 每组电池测量 3 次，将结果填入表 2.12.1。

表 2.12.1　不同电池的电动势

编号	电池表示式	E_1/V	E_2/V	E_3/V	$\overline{E}$/V
A	Zn|$ZnSO_4$(0.100mol · L^{-1})||KCl(饱和)|Hg_2Cl_2,Hg				
B	Hg,Hg_2Cl_2|KCl(饱和)||$CuSO_4$(0.100mol · L^{-1})|Cu				
C	Zn|$ZnSO_4$(0.100mol · L^{-1})||$CuSO_4$(0.100mol · L^{-1})|Cu				

2. 计算电极电势。

3 种电极的电极电势与温度的关系为：$\varphi_{饱和甘汞} = 0.242 - 7.6 \times 10^{-4}(T-298)$（$T$ 的单位为 K，下同），$\varphi_{Cu^{2+}|Cu} = 0.337 + 0.8 \times 10^{-4}(T-298)$，$\varphi_{Zn^{2+}|Zn} = -0.763 + 9.1 \times 10^{-4}(T-298)$。298K 时，$CuSO_4$ 和 $ZnSO_4$ 的平均活度系数分别为：$\gamma_{\pm}(CuSO_4) = 0.16$(0.100mol · L^{-1})，$\gamma_{\pm}(ZnSO_4) = 0.15$(0.100mol · L^{-1})。

铜-锌电池电动势为：

$$E = \varphi_{+} - \varphi_{-} = \varphi_{Cu^{2+}|Cu} - \varphi_{Zn^{2+}|Zn} = \varphi^{\ominus}_{Cu^{2+}|Cu} - \varphi^{\ominus}_{Zn^{2+}|Zn} - \frac{RT}{2F}\ln\frac{a_{Cu}a_{Zn^{2+}}}{a_{Zn}a_{Cu^{2+}}} = E^{\ominus} - \frac{RT}{2F}\ln\frac{a_{Zn^{2+}}}{a_{Cu^{2+}}}$$

则 298K 时，电解质浓度分别为 0.100mol · L^{-1} 的铜-锌电池的电动势为：

$$E = 0.337\text{V} - (-0.763\text{V}) - \frac{0.05916}{2}\text{V} \times \ln\frac{0.15}{0.16} = 1.099\text{V}$$

同理，可以计算其他温度和浓度下的电池电动势。使用盐桥后，液体接界电势约为 1mV，所以电池电动势读至 0.001V 便可。

七、实验关键

1. 标准(镉汞)电池用于调校电位差计，不得作为电源使用，一般不允许放电电流超过 0.1mA，绝不允许电池短路，操作时应短暂地、间断地使用，正、负极不允许接反，适用环境温度是4～40℃，且温度起伏不大，注意不要振摇和倾倒，其电动势与温度的关系为$E=1.01859-40\times10^{-6}(T-293)$($T$的单位为K)。

2. 在测量过程中，若"平衡指示"显示符号"OUL"，说明"电动势指示"显示的数值与被测电动势值相差过大。在测量前可根据电化学基本知识，初步估算一下被测量电池电动势的大小，以便在测量时能迅速找到平衡点，避免电极极化。

3. 组成电池的两电极管内气密性好(不漏液)，无气泡，电解质溶液液面高度不得超出镀铜或汞齐的高度。

4. 某些易与水发生剧烈作用的金属电极(如本实验中的锌电极)，在测量其电势时，因不能直接浸入其盐的水溶液中，故先制成含金属很少的汞齐，以减缓金属与水的作用，而后与纯金属在非水体系中的电极组成浓差电池，测量其电极电势，求出其标准电极电势。

5. 镀铜溶液用完后应该回收；对锌电极汞齐化时，擦拭电极的滤纸应该回收，因为硝酸亚汞有剧毒。

八、思考与分析

1. 参比电极的选择有何要求？

解　① 必须具有良好的稳定性和重现性；② 必须是可逆电极，相应的电极电势为可逆电势。

2. 盐桥的作用是什么？作为盐桥的电解质有何要求？

解　一般采用盐桥来减小液体接界电势。作为盐桥的电解质一般满足以下要求：① 盐桥电解质不能与两端电极溶液发生化学反应；② 盐桥电解质中正、负离子的迁移速率应该极其接近；③ 盐桥电解质溶液的浓度通常很高，甚至达到饱和状态；④ 盐桥内正、负离子的摩尔电导率应尽量接近。

在本实验中，我们采用KCl饱和溶液为盐桥，其配制方法为：在100mL烧杯内，加蒸馏水50mL，煮沸后加入0.5～1g琼脂搅拌溶解，再溶入1～2g KCl，趁热灌入U形管内，待溶液冷凝后成为不流动的透明软胶，即可使用。多余的用磨口瓶保存，用时重新在水浴上加热。

3. 电池电动势测量有哪些意义？

解　① 计算化学反应的热力学函数值的变化；② 测量溶液的pH值；③ 计算平衡常数，判断氧化还原反应的方向；④ 计算难溶盐的溶度积和络离子的稳定(不稳定)常数；⑤ 测求标准电极电势，计算离子的活度系数；⑥ 电位滴定时，确定某些容量分析过程的滴定终点；⑦ 在离子选择电极、电位-pH图等方面有重要的应用价值。

九、拓展内容

1. 若电池的极性接错了，会有什么结果？

2. 用做盐桥的物质应有什么特点？本实验中的盐桥可否采用其他方法制备？

实验十三　临界胶束浓度的测定

一、实验知识点

1. 了解表面活性剂溶液临界胶束浓度(CMC)的定义。
2. 加深理解表面活性剂的特性、胶束的形成过程及原理。
3. 掌握电导法测定十二烷基硫酸钠的临界胶束浓度的原理。

二、实验技能

1. 能够使用 DDS－ⅡA 型电导率仪测溶液的电导率。
2. 能够顺利而又正确地搭起实验仪器。
3. 能够独立使用 DDS－ⅡA 型电导率仪测十二烷基硫酸钠溶液的 CMC 值。

三、实验原理

一些离子型表面活性剂的稀溶液的性质与典型的强电介质的性质相似,但浓度增大到一定值后,它们的性质就表现出显著的差异。例如,溶液的电导、表面张力、渗透压、浊度、冰点降低及光学性质等的变化出现明显转折(图 2.13.1),且这种性质上的突变总是发生在某个特定的浓度变化范围内。为了解释这种反常现象,1912 年,麦克贝恩提出假设(图 2.13.2):溶液表面一旦为一层定向排列的表面活性分子所覆盖,继续增加的溶质就被挤入溶液本体,通过憎水基相互吸引而缔合成球状胶束,以降低体系的能量。随着表面活性剂浓度的增大,球状胶束转变成棒状胶束和层状胶束。层状胶束具有各向异性的性质,可以用来做液晶。目前,胶束的存在已为 X 射线衍射图谱所证实,胶束的大小和形状也可由多种方法所测定。最初是离子型表面活性剂,而后发现非离子型表面活性剂同样能形成胶束。

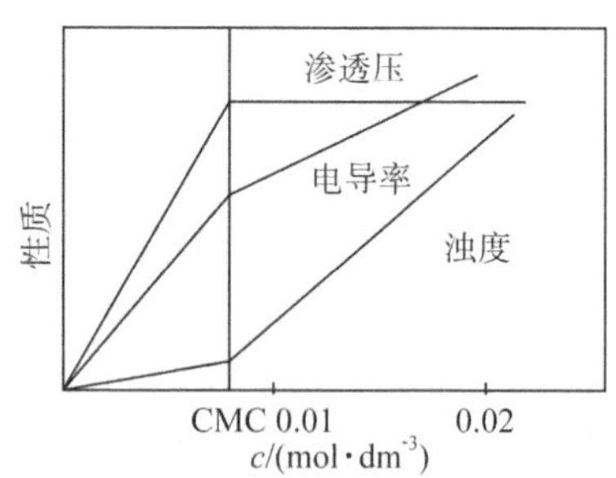

图2.13.1　298K 时十二烷基硫酸钠水溶液的物理性质在临界胶束浓度处的突变

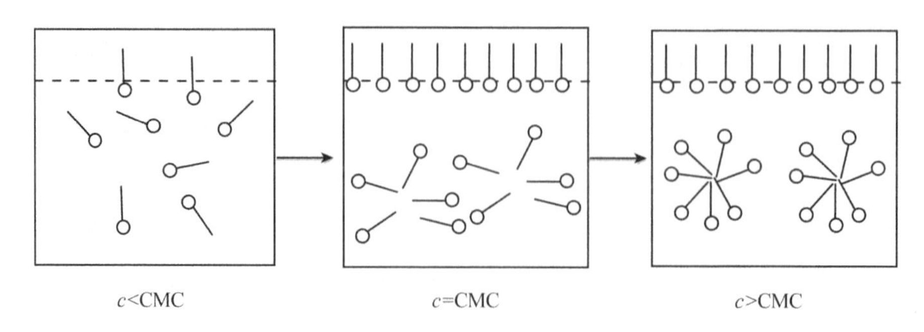

图 2.13.2　胶束形成过程示意图

表面活性剂在水中形成胶束所需的最低浓度称为临界胶束浓度，以 CMC 表示。CMC 是量度表面活性剂溶液性质的一项重要指标。本实验采用测电导率法来测定十二烷基硫酸钠在指定温度下的 CMC 值，CMC 的范围很小。电导率法测 CMC 是个经典方法，只限于离子型表面活性剂。

四、仪器和试剂

1. 仪器：DDS-11A 型电导率仪 1 台，容量瓶(50mL)12 只，260 型电导电极 1 支，恒温水浴装置 1 套等。

2. 试剂：十二烷基硫酸钠(AR)，氯化钾(AR)，电导水等。

五、实验步骤

1. 药品准备

将十二烷基硫酸钠($M_r=288$)于 80℃下的烘箱中烘干 3h，取出后用电导水(最好是新蒸馏出来的)配制成 0.002～0.02mol·L^{-1} 系列溶液 10 种，用 50mL 的容量瓶精确配制 0.001mol·L^{-1}的 KCl 标准溶液。

2. 仪器准备

将电导率仪打开预热 10min，样品管置于 298K 或其他合适的温度(如 40℃)下。

3. 标定常数

以 0.001mol·L^{-1}的 KCl 溶液(298K 时的摩尔电导率是 147S·m^2·mol^{-1})为标准，通过调节仪器旋钮标定电导池常数。

4. 测定溶液电导率

用电导率仪按照由稀至浓的顺序分别测电导水及十二烷基硫酸钠系列溶液的电导率。待测液测定前在恒温槽中恒温 15min，注意每次测定前先用蒸馏水洗涤电极，并用待测液润洗电极和电导池三次，各溶液的电导率平行测量三次，取平均值。

5. 实验结束

关闭电源，取出电极，用蒸馏水冲洗后放入蒸馏水中保存。

六、数据处理

1. 文献值：40℃时，十二烷基硫酸钠的 CMC 为 8.7×10^{-3}mol·L^{-1}。

2. 绘制 κ(或 Λ_m)-c 图，转折点即 CMC。

3. 将实验数据记录于表 2.13.1。

表 2.13.1 十二烷基硫酸钠的电导率-浓度表

恒温：28℃ 大气压：101.3kPa 电导池常数 $K=1.05$

c/(mol·L^{-1})	0.002	0.004	0.006	0.008	0.010	0.012	0.014	0.016	0.018	0.020
κ/($\times10^{-2}$S·cm^{-1})	0.120	0.240	0.380	0.495	0.580	0.625	0.680	0.725	0.780	0.835

4. 根据上表数据作图(图 2.13.3)。

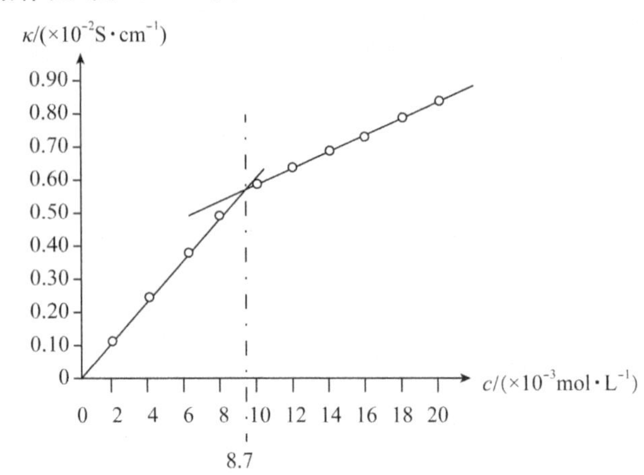

图 2.13.3 十二烷基硫酸钠的电导率-浓度图

七、实验关键

1. 离子型药品要分析纯,易溶。称样前需烘干(不烤焦),不含水等其他杂质。

2. 系列溶液的定容配制要准确,定容时刻度处若有少量泡沫,则改用胶头滴管进行滴水去除。

3. 注意预温、恒温测定。

4. 测准电导电极的仪器常数,校正电导率仪并正确进行测溶液电导的操作。

八、思考与分析

1. 若要知道所测得的临界胶束浓度是否正确,可用什么实验方法验证之?

解 确定 CMC 的方法有多种,如表面张力法、电导法、浊度法、染料法、光散射法等,其中最常用的是表面张力法。这种方法对于离子型及非离子型表面活性剂均通用。因为就达到 CMC 而论,是溶液表面的表面活性物质达到了单分子层饱和吸附,经由 CMC 点,溶液表观吸附曲线出现转折,即曲线在 CMC 点时呈现极大值。故所有能测表面张力的实验方法均可测 CMC。测表面张力的方法有如表 2.13.2 所示的一些类型。

表 2.13.2 各种测表面张力方法的比较

方法名称	表面平衡情况	润湿性相关	仪器	操作	温度控制	数据处理
毛细管法	很好	深切有关	测高仪	简便	易	需加校正
脱环法	不好	有关	测力仪	简便	不易	需加校正
吊片法	很好	深切有关	测力仪	简便	不易	简便
泡压法	不平衡	基本无关	压力计	简便	不易	需加校正
滴外形法	很好	无关	摄影或双向测距仪	复杂	易	复杂
滴重法	接近平衡	基本无关	天平	简便	易	需加校正

2. 溶解的表面活性剂分子与胶束之间的平衡同温度和浓度有关，其关系式可表示为：$\frac{d\ln c_{CMC}}{dT}=\frac{\Delta H}{2RT^2}$，试问如何测出其热效应 ΔH 值？

解　通过调节恒温槽的温度，测定表面活性剂溶液在不同温度时的CMC，求出 $d\ln c_{CMC}/dT$，进而求出表面活性剂胶团生成的热力学参数。

3. 本实验与最大气泡法测表面张力后再求CMC的方法有什么异同之处？

解　都是利用表面活性剂的稀溶液的物理性质随浓度的变化而变化，当出现转折时，即可判断达到了CMC。但是本实验中的表面活性剂必须是离子型的，且在CMC处具有明显的转折点，属于在平衡态下测得的一类。这些均与泡压法有所不同。

九、拓展内容

1. 洗衣服时，洗衣粉是否用得越多越好？
2. 在你的日常生活中，哪几样表面活性剂是常用的？

实验十四　表面张力的测定

一、实验知识点

1. 掌握最大气泡法测定表面张力的原理和技术。
2. 通过对正丁醇溶液表面张力的测定，深化对表面张力、表面自由能、表面吸附等概念的理解。
3. 了解表面活性物质降低液体表面张力的作用，深化对吉布斯吸附方程的理解。

二、实验技能

1. 能够顺利而正确地搭建起实验装置。
2. 能够独立运用最大表面张力测定仪测出正丁醇溶液的表面张力。
3. 能够运用作图的方法处理数据。

三、实验原理

测定表面张力的方法很多，本实验采取最大气泡法，其原理如下：根据气泡附加压强 $\Delta p=2\gamma/R$，当气泡形成半球状时，曲率半径 R 最小，附加压强最大，液膜两边压差也最大。此压差也等于原理示意图（图2.14.1）中毛细管液柱的静压降。因此，气泡法是对毛细管上升原理的反向应用。只要毛细管足够细，玻璃管润湿，弯月面就可视为球形。达到平衡时，界面两侧的压差可由拉普拉斯方程求得，并等于毛细管中液柱的静压降：

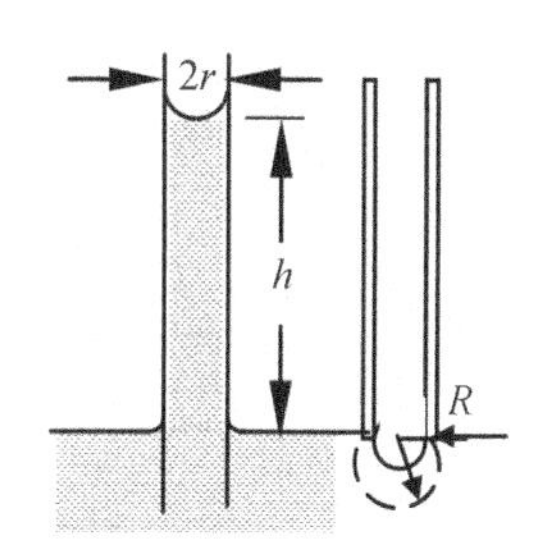

图2.14.1　实验原理图

$$\Delta p=\gamma\left(\frac{1}{R_1}+\frac{1}{R_2}\right)\approx\frac{2\gamma}{r}=\rho gh$$

式中：ρ 为液体密度；

g 为重力加速度；

h 为到达平衡时液柱上升的高度；

r 为毛细管内半径。

由此得到用毛细管上升法测定表面张力 γ 的基本公式：

$$\gamma=\frac{1}{2}r\rho gh$$

当毛细管内气体压力增加时，则液柱将随所加压力的增大而下降，最后在管端形成气泡，此时界面两侧的压差为：

$$\Delta p=p-p'$$

此压差便由电子微压计读出。由于实验时毛细管插入液体浓度不变，p' 为一定值，故产生气泡时界面两侧的压差仅与所加外压有关。当毛细管足够细，气泡的半径为 R 时，有：

$$\Delta p=\frac{2\gamma}{R}$$

而根据吉布斯吸附公式可以计算表面吸附量：

$$\Gamma_i=\frac{\sum n_i}{A}=\frac{\mathrm{d}\gamma}{\mathrm{d}\mu}=-\frac{\mathrm{d}\gamma}{RT\cdot c^{-1}\mathrm{d}c}=-\frac{c}{RT}\cdot\frac{\mathrm{d}\gamma}{\mathrm{d}c}$$

四、仪器和试剂

1. 仪器：表面张力测定仪 1 套，电子微压计 1 台，端口磨平并洗净的毛细管若干，恒温水浴装置 1 套，洗耳球 1 个，烧杯(200mL)1 只等。

2. 试剂：正丁醇(AR)等。

实验装置如图 2.14.2 所示。

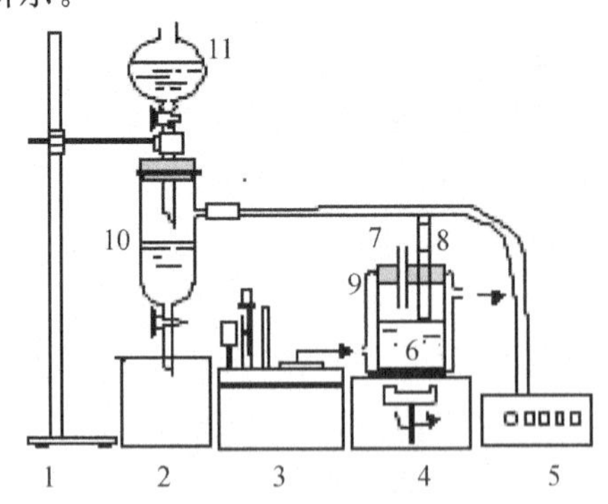

图 2.14.2 实验装置图

1 -铁架台；2 -烧杯；3 -恒温槽；4 -电动搅拌器；5 -电子微压计；6 -正乙醇溶液；7 -小玻管；8 -毛细管(半径为 0.5～1mm)；9 -恒温玻璃夹套；10 -具阀杯子；11 -滴液漏斗

五、实验步骤

1. 溶液配制

用浓度为 0.5mol · L^{-1} 的正丁醇溶液分别配制浓度为 0.05mol · L^{-1}、0.10mol · L^{-1}、

0.15mol·L^{-1}、0.20mol·L^{-1}、0.25mol·L^{-1}、0.30mol·L^{-1}、0.35mol·L^{-1}的系列溶液，备用。0.5ml·L^{-1}的正丁醇溶液的配制方法是：称取(18.53±0.01)g 正丁醇至 500mL 容量瓶中，并用蒸馏水稀释至刻度线。

2. 恒温准备

用细砂纸磨平毛细管管口，使得毛细管端面平整，继而用丙酮洗洁净，毛细管端面与液体表面垂直及相切。表面张力是负温度系数，因而将玻璃恒温夹套与恒温水浴槽相连实现恒温控制。

3. 加纯水测试

在毛细管中加入去离子水，且毛细管端面恰好接触液面（相切），注意保持其与液面垂直，并控制毛细管管口气泡一个一个地冒出来，调节液滴漏斗的活塞，控制滴液的速度，让毛细管端形成每个气泡的时间不少于 20s，并读出电子微压计上的最大压差，重复三次测量，取平均值，测得水的压差为 750Pa 左右时最合适。

4. 用配制的溶液测试

用相同的方法测试用容量瓶配制的系列试液，注意测量前用新液洗涤毛细管及容器，不碰损毛细管尖端。

六、数据处理

1. 将实验数据记录于表 2.14.1，并计算毛细管常数。

解 室温 298K $\gamma_{水}=7.197\times10^{-2}\text{N}\cdot\text{m}^{-1}$ $z=-c\text{d}\gamma/\text{d}c$ $RT=2.48\times10^{3}\text{J}\cdot\text{K}^{-1}$ $\Gamma_{g\text{-}1}=z/(RT)$

测得水的 $\Delta p_{max}=0.831\text{kPa}$ 毛细管常数 $K=\gamma_{水}/\Delta p_{max}=0.07197\text{N}\cdot\text{m}^{-1}/831\text{Pa}=8.66\times10^{-5}\text{m}$

表 2.14.1 正丁醇表面张力测定数据

$c/(\text{mol}\cdot\text{L}^{-1})$	0.05	0.10	0.15	0.20	0.25	0.30	0.35
$\Delta p_{max}/\text{Pa}$							
$\gamma/(\text{N}\cdot\text{m}^{-1})$							
$-\text{d}\gamma/\text{d}c$							

2. 据上述表格中的数据作 $\gamma-c$ 图，曲线光滑。

以毛细管常数 K 乘以最大压差 Δp_{max}，求得不同浓度下的 γ 值；以 γ 对 c 作图(图 2.14.3)，并在图上用镜面法作曲线上各点的切线，得到其斜率即$-\text{d}\gamma/\text{d}c$ 值。

3. 作 $c/\Gamma_{g\text{-}1}-c$ 图，直线应线性良好。

将图 2.14.3 中的 z 值代入 $\Gamma_{g\text{-}1}=z/(RT)$，求得 $\Gamma_{g\text{-}1}$，将$(c/\Gamma_{g\text{-}1})$ 对 c 作图(图 2.14.4)。

4. 作 $\Gamma-c$ 吸附曲线图。

根据 Langmuir 线性关系式：

$$\frac{c}{\Gamma_{g\text{-}1}}=\frac{c}{(\Gamma_{g\text{-}1})_{\infty}}+\frac{1}{k(\Gamma_{g\text{-}1})_{\infty}}$$

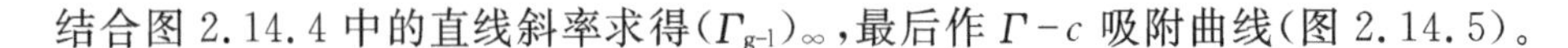
结合图 2.14.4 中的直线斜率求得$(\Gamma_{g-1})_\infty$，最后作 $\Gamma-c$ 吸附曲线(图 2.14.5)。

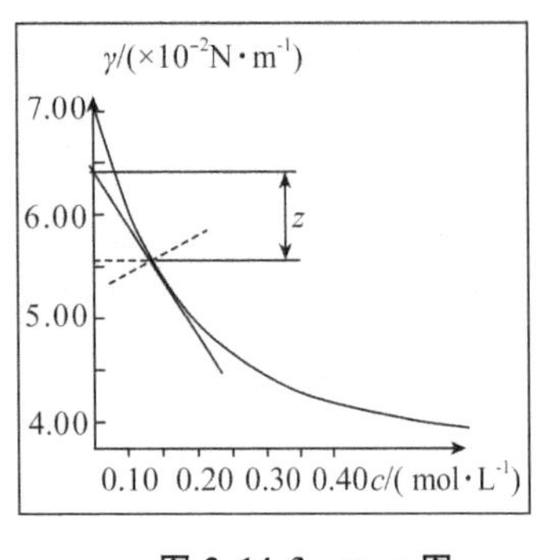

图 2.14.3　$\gamma-c$ 图

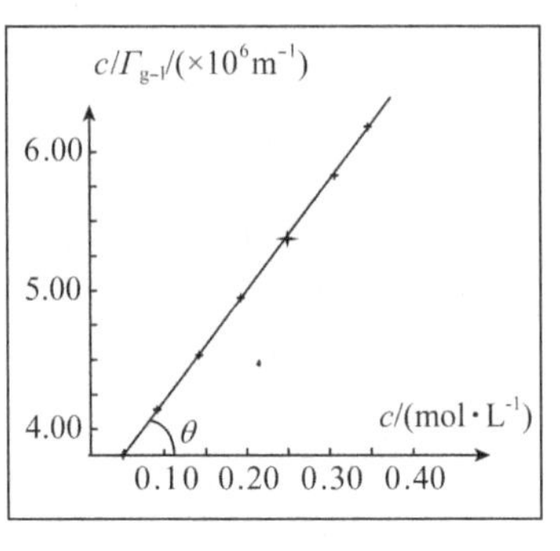

图 2.14.4　$c/\Gamma_{g-1}-c$ 图

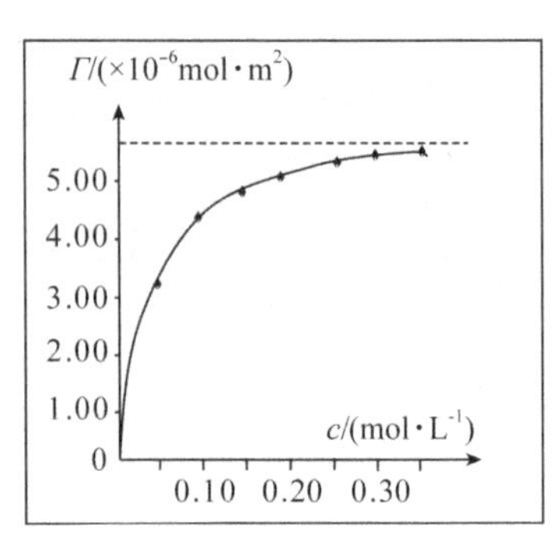

图 2.14.5　吸附曲线

七、实验关键

1. 采用最大气泡法时，严格地说，由于逸出的气泡不呈球形，若要使测量更精确，应用 Sudden 表进行校正。

2. 液面相切程度不佳、毛细管不干净会引入误差；$\gamma-c$ 作图，曲线不光滑，切线就无法作准，还影响 $c/\Gamma_{g-1}-c$ 作图甚至 Γ_∞ 的求得；吸附后的 γ 值，在曲线上查得的 c 值不够准确，曲线在浓度高时坡度小，则回归得到的 c 值误差也大；测定浓度大的溶液的表面张力，其实更难得到其平衡值。

3. 毛细管不洁净，毛细管插入液面的深浅不一或不垂直，均影响 Δp_{max} 读数的准确性，而采用电子数显微压计并按实验注意事项操作可显著地减少误差。

4. 毛细管半径不能太大或太小。太大：Δp_{max} 小，引起的读数误差大；太小：气泡易从毛细管中成串、连续地冒出，泡压平衡时间短，压力计所读最大压差不准。一般而言，毛细管的粗细的选用标准为：在测水的表面张力时，Δp_{max} 读数为 500～800Pa。

5. 室温变化引起表面张力变化，可用恒温水浴来解决。溶液组成可借助于折光仪来测。

八、思考与分析

1. 为什么要读最大压差？

解　测定时在毛细管管口与液面相接触的地方形成气泡，其曲率半径 R 先逐渐变小，当达到 $R=r$(毛细管半径)时，R 值最小，附加压强 $\Delta p=2\gamma/R$ 也达到最大，且此时对于同一毛细管，Δp_{max} 只与物质的 γ 值有关(单值函数关系)，所以都读最大压差。

2. $c>0.40\text{mol}\cdot\text{L}^{-1}$ 时，$\Gamma_{g-1}-c$ 曲线为何下折？

解　超过临界胶束浓度，液体表面单分子吸附达到饱和，再增加的溶质分子只能进入溶液本体，导致表面溶质(较之于本体浓度)的超量反而降低，或者说表观吸附量减小。

九、拓展内容

1. 右图中，当左边加热时，液柱向哪边跑？如在左端改加表面活性

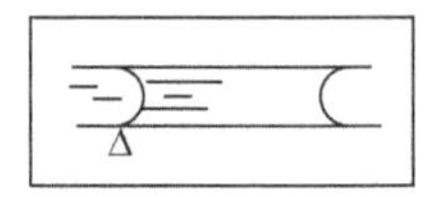

剂，液柱向哪边跑？

2. 为什么吸烟的人穿皮革服装，其身上烟味更重？

3. 为什么仙人掌在沙漠中能生长？

实验十五　磁化率的测定

一、实验知识点

1. 掌握古埃法测定磁化率的原理和方法。
2. 通过测定一些络合物的磁化率，求算未成对电子数和判断这些分子的配键类型。

二、实验技能

1. 独立完成用磁天平测试四种物质的磁化率。
2. 学会分析和处理实验的数据以及实验中遇到的问题。

三、实验原理

1. 磁化率

物质在外磁场作用下，物质会被磁化产生一附加磁场。物质的磁感应强度为：

$$\boldsymbol{B} = \boldsymbol{B}_0 + \boldsymbol{B}' = \mu_0 \boldsymbol{H} + \boldsymbol{B}' \tag{2.15.1}$$

式中：$\boldsymbol{B}_0$ 为外磁场的磁感应强度；

$\boldsymbol{B}'$为附加磁感应强度；

$\boldsymbol{H}$ 为外磁场强度；

μ_0 为真空磁导率，其数值等于 $4\pi\times10^{-7}\,\mathrm{H\cdot m^{-1}}$。

物质的磁化可用磁化强度 $\boldsymbol{M}$ 来描述，$\boldsymbol{M}$ 也是矢量，它与磁场强度成正比：

$$\boldsymbol{M} = \chi\boldsymbol{H} \tag{2.15.2}$$

式中：χ 为物质的体积磁化率。

在化学上常用质量磁化率 χ_m 或摩尔磁化率 χ_M 表示物质的磁性质。

$$\chi_m = \frac{\chi}{\rho} \tag{2.15.3}$$

$$\chi_M = M\chi_m = \frac{\chi M}{\rho} \tag{2.15.4}$$

式中：ρ、M 分别是物质的密度和摩尔质量。

2. 分子磁矩与磁化率

物质的磁性与组成物质的原子、离子或分子的微观结构有关，当原子、离子或分子的两个自旋状态电子数不相等，即有未成对电子时，物质就具有永久磁矩。由于热运动，永久磁矩指向各个方向的机会相同，所以该磁矩的统计值等于零。在外磁场作用下，除特殊情况外，具有永久磁矩的原子、离子或分子的永久磁矩会顺着外磁场的方向排列。

第一种情况是物质本身并不呈现磁性，但是由于它内部的电子沿轨道运动，在外磁场作用下会产生拉莫进动，感应出一个诱导磁矩来，表现为一个附加磁场，磁矩的方向与外磁场相反，其磁化强度与外磁场强度成正比，并随着外磁场的消失而消失，这类物质称为逆磁性物质。

第二种情况是物质的原子、分子或离子本身具有永久磁矩 μ_m，但在外磁场作用下，一方面，永久磁矩会顺着外磁场方向排列，其磁化方向与外磁场相同，其磁化强度与外磁场强度成正比；另一方面，物质内部的电子轨道运动也会产生拉莫进动，其磁化方向与外磁场相反，因此，这类物质在外磁场作用下表现的附加磁场是上述两者共同作用的结果，我们称这类物质为顺磁性物质。显然，此类物质的摩尔磁化率 χ_M 是摩尔顺磁化率 $\chi_{顺}$ 和摩尔逆磁化率 $\chi_{逆}$ 的和。

$$\chi_M = \chi_{顺} + \chi_{逆} \tag{2.15.5}$$

通常情况下 $\chi_{顺}$ 在数值上比 $\chi_{逆}$ 大 2～3 个数量级，因此，顺磁性物质的逆磁性被掩盖，从而表现出顺磁性。在不很精确的计算中，可近似地认为 $\chi_M \approx \chi_{顺}$。对于逆磁性物质，则只有 $\chi_{逆}$，所以 $\chi_M = \chi_{逆}$。

第三种情况是物质被磁化的强度与外磁场强度不存在正比关系，而是随着外磁场强度的增加而剧烈增加，当外磁场消失后，它们的附加磁场并不立即随之消失，这种物质称为铁磁性物质（亚铁磁性物质）。

因此，根据 χ 的特点不同，物质分为三类，如表 2.15.1 所示。

表 2.15.1　物质的分类及其简要微观解释

χ	磁性	微观解释	χ_M
>0	顺磁性	内部电子轨道运动产生逆磁性＋单电子自旋磁矩产生的顺磁性	>0
<0	逆磁性	内部电子轨道运动产生逆磁性	<0
与外磁场 H 有关	铁磁性	内部交换场	>0

磁化率是物质的宏观性质，分子磁矩是物质的微观性质，用统计力学的方法可以得到摩尔顺磁化率 $\chi_{顺}$ 和分子永久磁矩 μ_m 间的关系：

$$\chi_{顺} = \frac{N_A \mu_m^2 \mu_0}{3kT} = \frac{C}{T} \tag{2.15.6}$$

式中：N_A 为阿伏伽德罗常数；

k 为波尔兹曼常数；

T 为绝对温度；

C 为居里常数。

上式称为居里定律，即物质的摩尔顺磁化率与热力学温度成反比，是居里首先在实验中发现的。

物质的永久磁矩 μ_m 与它所含的未成对电子数 n 的关系为：

$$\mu_m = \mu_B \sqrt{n(n+2)} \tag{2.15.7}$$

式中：μ_B 为玻尔磁子，其物理意义是单个自由电子自旋所产生的磁矩。

$$\mu_B = \frac{eh}{4\pi m_e} = 9.274 \times 10^{-24} \mathrm{J \cdot T^{-1}} \tag{2.15.8}$$

式中：h 为普朗克常数；

m_e 为电子质量。

因此，只要测得 χ_M，即可求出 μ_m，算出未成对电子数。这对于研究某些原子或离子的电子组态，以及判断络合物分子的配键类型是很有意义的。

3. 磁化率的测定

古埃法测定磁化率的装置如图 2.15.1 所示。将装有样品的圆柱形玻璃样品管按如图所示方式悬挂在两磁极中间，使样品管底部处于两磁极的中心，即磁场强度最强区域。样品管中的样品顶部则位于磁场强度最弱，甚至为零的区域。这样，样品就处于一不均匀的磁场中，设样品管的截面积为 A，样品沿磁场方向的长度为 $\mathrm{d}S$，则体积为 $A\mathrm{d}S$，样品在非均匀磁场中所受到的作用力 $\mathrm{d}F$ 为：

$$\mathrm{d}F = \chi\mu_0 H A \mathrm{d}S \frac{\mathrm{d}H}{\mathrm{d}S} \tag{2.15.9}$$

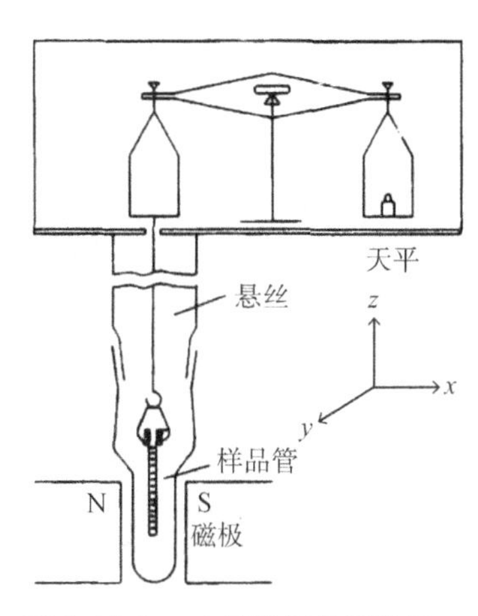

图 2.15.1　古埃磁天平示意图

式中：$\frac{\mathrm{d}H}{\mathrm{d}S}$ 为磁场强度梯度。

对于顺磁性物质的作用力，指向磁场强度最大的方向，逆磁性物质则指向磁场强度弱的方向，当不考虑样品周围介质（如空气，其磁化率很小）和 H_0 的影响时，整个样品所受的力为：

$$F = \int_{H=H}^{H_0=0} \chi\mu_0 H A \mathrm{d}S \frac{\mathrm{d}H}{\mathrm{d}S} = \frac{1}{2}\chi\mu_0 H^2 A \tag{2.15.10}$$

当样品受到磁场作用力时，在天平的另一臂加减砝码使之平衡，设 Δm 为施加磁场前后的质量差，则：

$$F = \frac{1}{2}\chi\mu_0 H^2 A = g\Delta m = g(\Delta m_{\text{空管+样品}} - \Delta m_{\text{空管}}) \tag{2.15.11}$$

由于 $\chi = \chi_m \rho$，将 $\rho = \frac{m}{hA}$ 代入式(2.15.11)，整理得：

$$\chi_m = \frac{2(\Delta m_{\text{空管+样品}} - \Delta m_{\text{空管}})hgM}{\mu_0 m H^2} \tag{2.15.12}$$

式中：h 为样品高度；

m 为样品质量；

M 为样品摩尔质量；

ρ 为样品密度；

μ_0 为真空磁导率，$\mu_0 = 4\pi \times 10^{-7} \mathrm{H \cdot m^{-1}}$；

H 为磁场强度。

磁场强度 H 可用特斯拉计测量，或用已知磁化率的标准物质进行间接测量。例如用莫尔氏盐$[(NH_4)_2SO_4 \cdot FeSO_4 \cdot 6H_2O]$，已知莫尔氏盐的 χ_m 与热力学温度 T 的关系式为：

$$\chi_m = \frac{9500}{T+1} \times 4\pi \times 10^{-9} \tag{2.15.13}$$

基于关系式(2.15.6)、(2.15.7)、(2.15.12)、(2.15.13)，我们有了如下的数据处理思路：

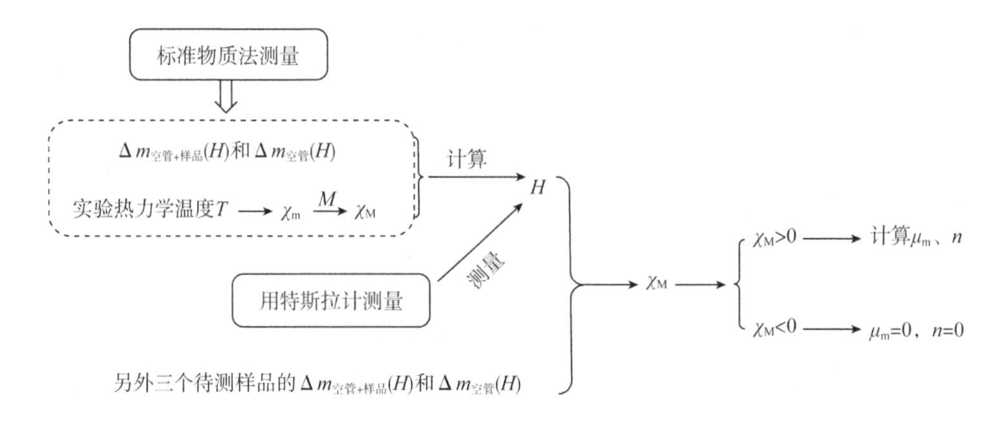

四、仪器和试剂

1. 仪器：古埃磁天平(包括电磁铁、电光天平、励磁电源)1 套，特斯拉计 1 台，软质玻璃样品管 1 支，吹风机(1100W)1 只，直尺 1 把，角匙 4 只，广口试剂瓶 4 只，小漏斗 4 只，研钵 4 个等。

2. 试剂：莫尔氏盐$(NH_4)_2SO_4 \cdot FeSO_4 \cdot 6H_2O$(AR)，$FeSO_4 \cdot 7H_2O$(AR)，$K_3Fe(CN)_6$(AR)，$K_4Fe(CN)_6 \cdot 3H_2O$(AR)，丙酮(AR)等。

五、实验步骤

1. 将特斯拉计的探头放入磁铁的中心架中，套上保护套，调节特斯拉计，至数字显示为“0”。

2. 该仪器设备型号下，样品管内应装样品的高度为(15.00±0.10)cm，如果是其他仪器设备，按如下方式测定：除下特斯拉计的保护套，把探头平面垂直置于磁场两极中心，打开电源，调节“调压”旋钮，使电流增大至特斯拉计上显示“0.300T”，调节探头上下、左右位置，观察数字显示值，把探头位置调节至显示值最大的位置，此乃探头最佳位置。用探头沿此位置的垂直线测定离磁铁中心的高度 H_0，这也是样品管内应装样品的高度。

3. 用莫尔氏盐标定磁场强度。取一支清洁干燥的空样品管悬挂在磁天平的挂钩上，使样品管正好与磁极中心线齐平(样品管不可与磁极接触，并与探头有合适的距离)。准确称取空样品管质量($H=0$T) 时，得 $m_1(H_0)$。调节旋钮，使特斯拉计数显为“0.300T”(H_1)，迅速称量，得 $m_1(H_1)$。逐渐增大电流，使特斯拉计数显为“0.350T”(H_2)，称量得 $m_1(H_2)$。然后略微增大电流直至磁场强度为0.380T，接着退至0.350T(H_2)，称量得 $m_2(H_2)$。将电流降至数显为“0.300T”(H_1)时，再称量得$m_2(H_1)$，缓慢降至数显为“0.000T”(H_0)，称取空管质量$m_2(H_0)$。这种调节电流由小到大，再由大到小的测定方法是为了抵消实验时磁场剩磁现象的影响。

$$\Delta m_{空管}(H_1) = \frac{1}{2}[\Delta m_1(H_1) + \Delta m_2(H_1)] \tag{2.15.14}$$

$$\Delta m_{空管}(H_2) = \frac{1}{2}[\Delta m_1(H_2) + \Delta m_2(H_2)] \tag{2.15.15}$$

式中：$\Delta m_1(H_1) = m_1(H_1) - m_1(H_0)$；

$\Delta m_2(H_1) = m_2(H_1) - m_2(H_0)$；

$\Delta m_1(H_2) = m_1(H_2) - m_1(H_0)$；

$\Delta m_2(H_2) = m_2(H_2) - m_2(H_0)$。

4. 取下样品管，用小漏斗装入事先研细并干燥过的莫尔氏盐，并不断让样品管底部在软垫上轻轻碰击，使样品均匀填实，直至所要求的高度，约(15.00 ± 0.10)cm(用尺准确测量)，按前述方法将装有莫尔氏盐的样品管置于磁天平上称量，重复步骤3，得$m_{1空管+样品}(H_0)$、$m_{1空管+样品}(H_1)$、$m_{1空管+样品}(H_2)$、$m_{2空管+样品}(H_2)$、$m_{2空管+样品}(H_1)$、$m_{2空管+样品}(H_0)$，求出$\Delta m_{空管+样品}(H_1)$和$\Delta m_{空管+样品}(H_2)$。

5. 同一样品管中，同法分别测定$FeSO_4 \cdot 7H_2O$、$K_3Fe(CN)_6$和$K_4[Fe(CN)_6] \cdot 3H_2O$的$\Delta m_{空管+样品}(H_1)$和$\Delta m_{空管+样品}(H_2)$。测定后的样品均要倒回试剂瓶，可重复使用。

6. 每次测量样品后，应洗干净样品管，并用电吹风吹干(为了快速吹干，在吹之前用丙酮润洗几次后再吹，注意丙酮需要回收)。

7. 关闭电源前，应调节调压旋钮，使电流显示为零。

六、数据处理

1. 由莫尔氏盐的单位质量磁化率和实验数据计算磁场强度值。填写表2.15.2。

表2.15.2　不同情况下单位质量磁化率和磁场强度值

室温：________　大气压：________

样品	m_1(0T)/g	m_1(0.300T)/g	m_1(0.350T)/g	m_2(0.350T)/g	m_2(0.300T)/g	m_2(0T)/g	Δm(0.300T)/g	Δm(0.350T)/g	样品高度/cm
空管									
莫尔氏盐									
$FeSO_4 \cdot 7H_2O$									
$K_3Fe(CN)_6$									
$K_4[Fe(CN)_6] \cdot 3H_2O$									

2. 计算 $FeSO_4 \cdot 7H_2O$、$K_3Fe(CN)_6$ 和 $K_4[Fe(CN)_6] \cdot 3H_2O$ 的 χ_M、μ_m 和未成对电子数 n。

3. 根据未成对电子数，讨论 $FeSO_4 \cdot 7H_2O$、$K_3Fe(CN)_6$ 和 $K_4[Fe(CN)_6] \cdot 3H_2O$ 中 Fe^{2+} 的最外层电子结构以及由此构成的配键类型。

七、实验关键

1. 所测样品应事先研细，放在装有浓硫酸的干燥器中干燥。

2. 空样品管需干燥洁净，装样时应使样品均匀填实。

3. 称量时样品管应正好处于两磁极之间，其底部与磁极中心线齐平。悬挂样品管的悬线勿与任何物件相接触。

4. 样品倒回试剂瓶时，注意瓶上所贴标志，切莫倒错瓶子。

八、思考与分析

1. 不同励磁电流下测得的样品摩尔磁化率是否相同？

解 相同。摩尔磁化率是顺磁性物质的特征物理性质，不会因为励磁电流的不同而变。但是在不同励磁电流下测得的摩尔磁化率稍有不同。主要原因在于天平测定误差的影响，当然温度的变化也有一定影响。

2. 用古埃磁天平测定磁化率的精度与哪些因素有关？

解 (1) 样品的均匀性。粉末样品在管中的填装要均匀，否则由此引起的相对误差可达±3%。

(2) 装样高度的选择。置样品底部于磁场最强处，样品的最高处应该处于磁场最弱处，这样样品就处于一不均匀的磁场中，满足积分条件。

(3) 是否对样品管的磁化率进行校正。

(4) 空气对流的影响。

(5) 标准样品纯度的影响。一般选取易得、稳定性好、纯度高、重现性好的标准样品，且希望标准样品的磁化率和密度尽可能与测试样品相近。

(6) 励磁电流的稳定性的影响。为此，需选用稳定性好的电源，还要防止电流通过电磁线圈引起发热，发热导致线圈的电阻加大，导致电流与磁场强度发生变化，而使天平测量的值难以重复。

九、拓展内容

1. 实验中我们要求样品的高度是15cm，是因为样品要有足够的高度才可以满足推导式(2.15.10)时 H_0 忽略不计的假定。试利用本实验仪器，设计一种实验方法验证来样品高度为多少时此式能够成立。

实验十六　溶液法测定极性分子的偶极矩

一、实验知识点

1. 用电桥法测定极性物质(乙酸乙酯)在非极性溶剂(环己烷)中的介电常数和分子偶极矩。

2. 了解溶液法测定偶极矩的原理、方法,并了解偶极矩与分子电性质的关系。

3. 学习液体密度测定的方法。

4. 学会使用电容测量仪。

二、实验技能

1. 能够用密度管法准确测量待测物质的密度。

2. 能够独立完成用精密电容测量仪(PCM－1A)测定待测物质的电容值。

3. 能准确处理实验中的数据和实验过程中遇到的问题。

三、实验原理

1. 偶极矩与极化度

分子的结构可以近似地看成是由电子云和分子骨架(原子核和内层电子)所构成的。由于其空间构型不同,正、负电荷中心可重合,也可不重合,前者称为非极性分子,后者称为极性分子。分子极性大小常用偶极矩 $\boldsymbol{\mu}$ 来度量,其定义为:

$$\boldsymbol{\mu} = qd \tag{2.16.1}$$

式中:q 是正、负电荷中心所带的电荷量;

d 为正、负电荷中心的距离;

$\boldsymbol{\mu}$ 为失量,其方向规定为从正到负,单位为 Debye 或 C · m。

因为分子中原子间距离处于 10^{-10} m 这一数量级,电荷处于 10^{-20} C 这一数量,所以偶极矩处于 10^{-30} C · m 这一数量级。

极性分子具有永久偶极矩,在没有外电场存在时,由于分子热运动,偶极矩指向各方向的机会均等,故其偶极矩统计值为零。

若将极性分子置于均匀的外电场中,分子会沿着电场方向作定向转动,同时分子中的电子云对分子骨架发生相对移动,分子骨架也会形变,称为分子极化。极化程度可用摩尔极化度(p) 衡量,因转向而产生的极化度称为摩尔转向极化度($p_{转向}$),由变形所致的极化度称为摩尔变形极化度($p_{变形}$),而 $p_{变形}$ 又是电子极化度($p_{电子}$) 和原子极化度($p_{原子}$) 之和,则:

$$p = p_{转向} + p_{变形} = p_{转向} + (p_{电子} + p_{原子}) \tag{2.16.2}$$

已知 $p_{转向}$ 与永久偶极矩 μ 的平方成正比,与绝对温度成反比。即:

$$p_{转向} = \frac{4}{9}\pi N_A \frac{\mu^2}{kT} \quad (2.16.3)$$

式中：k 为波尔兹曼常数；

N_A 为阿伏伽德罗常数。

对于非极性分子，因 $\mu = 0$，其 $p_{转向} = 0$，所以 $p = p_{电子} + p_{原子}$。

外电场若是交变电场，则极性分子的极化与交变电场的频率有关。在电场频率小于 $10^{10}\,s^{-1}$ 的低频电场下，极性分子产生的摩尔极化度为摩尔转向极化度与摩尔变形极化度之和。在电场频率为 $10^{12} \sim 10^{14}\,s^{-1}$ 的中频电场下（即红外光区），因为电场交变周期小于偶极矩的松弛时间，极性分子的转向运动跟不上电场变形，即极性分子无法沿电场方向定向，即 $p_{转向} = 0$，此时的摩尔极化度 $p = p_{变形} = p_{电子} + p_{原子}$。当交变电场的频率大于 $10^{15}\,s^{-1}$ 时（即可见光和紫外光区），极性分子的转向运动和分子骨架变形都跟不上电场的变化，此时 $p = p_{电子}$。因此，如果分别在低频和中频的电场下求出欲测分子的摩尔极化度，并把这两者相减，即为极性分子的摩尔转向极化度 $p_{转向}$，代入式(2.16.3)，即可算出其永久偶极矩 μ。

因为 $p_{原子}$ 只占 $p_{变形}$ 的 5% ～ 15%，而实验时由于受条件的限制，一般总是用高频电场来代替中频电场。因此，常近似地把高频电场下测得的摩尔极化度当作摩尔变形极化度。

$$p = p_{电子} = p_{变形}$$

2. 极化度与偶极矩的测定

对于分子间相互作用很小的体系，从电磁理论推导出的摩尔极化度 p 与介电常数 ε 之间的关系为：

$$p = \frac{\varepsilon - 1}{\varepsilon + 2} \cdot \frac{M}{\rho} \quad (2.16.4)$$

式中：M 为摩尔质量；

ρ 为密度。

因上式是假定分子与分子间无相互作用而推导出的，所以它只适用于温度不太低的气相体系。然而，测定气相介电常数和密度在实验上存在较大困难，对于某些物质，气态根本无法获得，于是就提出了溶液法，即把欲测偶极矩的分子溶于非极性溶剂中进行测定。但在溶液中测定总要受溶质分子间、溶剂与溶质分子间以及溶剂分子间相互作用的影响。若通过测定不同浓度溶液中溶质的摩尔极化度并外推至无限稀释，这时溶质所处的状态就和气相相近，可消除溶质分子间的相互作用。于是在无限稀释时，溶质的摩尔极化度 p_2^{∞} 就可看作式(2.16.5)中 p。

$$p = p_2^{\infty} = \lim_{x_2 \to 0} p_2 = \frac{3\alpha\varepsilon_1}{(\varepsilon_1 + 2)^2} \cdot \frac{M_1}{\rho_1} + \frac{\varepsilon_1 - 1}{\varepsilon_1 + 2} \cdot \frac{M_2 - \beta M_1}{\rho_1} \quad (2.16.5)$$

式中：ε_1、M_1、ρ_1 分别为纯溶剂的介电常数、摩尔质量和密度；

M_2 为溶质的摩尔质量；

α、β 为两常数，可由下面两个稀溶液的近似公式求得：

$$\varepsilon_{溶} = \varepsilon_1(1 + \alpha X_2) \quad (2.16.6)$$

$$\rho_{溶} = \rho_1(1 + \beta X_2) \quad (2.16.7)$$

式中：$\varepsilon_{溶}$、$\rho_{溶}$ 和 X_2 分别为溶液的介电常数、密度和溶质的物质的量分数。

因此，将测定的纯溶剂的 ε_1、ρ_1，以及不同浓度溶液的 $\varepsilon_{溶}$、$\rho_{溶}$ 代入式(2.16.5)，就可求出溶质分子的总摩尔极化度。

根据光的电磁理论，在同一频率的高频电场作用下，透明物质的介电常数 ε 与折光率 n 的关系为：

$$\varepsilon = n^2 \tag{2.16.8}$$

常用摩尔折射度 R_2 来表示高频区测得的极化度。此时 $p_{转向} = 0$，$p_{原子} = 0$，则：

$$R_2 = p_{变形} = p_{电子} = \frac{n^2 - 1}{n^2 + 2} \cdot \frac{M}{\rho} \tag{2.16.9}$$

同样测定不同浓度溶液的摩尔折射度 R，外推至无限稀释，就可按式(2.16.10)求出该溶质的摩尔折射度：

$$R_2^{\infty} = \lim_{x_2 \to 0} R_2 = \frac{n^2 - 1}{n^2 + 2} \cdot \frac{M_2 - \beta M_1}{\rho_1} + \frac{6n_1^2 M_1 \gamma}{(n_1^2 + 2)^2 \rho_1} \tag{2.16.10}$$

式中：n_1 为纯溶剂的摩尔折光率；

γ 为常数，它可由下式求出：

$$n_{溶} = n_1(1 + \gamma X_2) \tag{2.16.11}$$

式中：$n_{溶}$ 为溶液的摩尔折光率。

综上所述，可得：

$$p_{转向} = p_2^{\infty} - R_2^{\infty} = \frac{4}{9}\pi N_A \frac{\mu^2}{kT} \tag{2.16.12}$$

$$\mu = 0.0128\sqrt{(p_2^{\infty} - R_2^{\infty})T}(\text{Debye}) = 0.0426 \times 10^{-30}\sqrt{(p_2^{\infty} - R_2^{\infty})T}(\text{C} \cdot \text{m}) \tag{2.16.13}$$

3. 介电常数的测定

介电常数通过测定电容，计算而得到。其定义为：

$$\varepsilon = C/C_0 \tag{2.16.14}$$

式中：C_0 为电容器两极板间处于真空时的电容量；

C 为充以电介质时的电容量。

由于小电容测量仪测定电容时，除电容池两极间的电容 C_c 外，整个测试系统中还有分布电容 C_d 的存在，所以实测的电容应为 C_c 和 C_d 之和，即：

$$C_x = C_c + C_d \tag{2.16.15}$$

C_c 值随介质而异，但 C_d 对于同一台仪器而言是一个定值。故实验时，需先求出 C_d 值，并在各次测量值中扣除，才能得到 C_c 值。C_d 可通过测定一已知介电常数的物质(环己烷)来求得。其测定方法为先测定已知介电常数 $\varepsilon_{标}$ 的标准物质的电容 $C'_{标}$，则：

$$C'_{标} = C_{标} + C_d \tag{2.16.16}$$

而不放样品时所测 $C'_{空}$ 为：

$$C'_{空} = C_{空} + C_{d} \tag{2.16.17}$$

两式相减得：

$$C'_{标} - C'_{空} = C_{标} - C_{空} \tag{2.16.18}$$

已知物质的介电常数 ε 等于电介质的电容与真空时的电容之比，如果把空气的电容近似看作真空时的电容，则可得：

$$\varepsilon_{标} = C_{标} / C_{空} \tag{2.16.19}$$

所以式(2.16.18) 变为：

$$C'_{标} - C'_{空} = \varepsilon_{标} \cdot C_{空} - C_{空} = (\varepsilon_{标} - 1) \cdot C_{空} \tag{2.16.20}$$

$$C_{空} = (C'_{标} - C'_{空})/(\varepsilon_{标} - 1) \tag{2.16.21}$$

$$C_{d} = (\varepsilon_{标} C'_{空} - C'_{标})/(\varepsilon_{标} - 1) \tag{2.16.22}$$

基于式(2.16.6)、(2.16.7)、(2.16.11)、(2.16.5)、(12.16.10)，按如下数据处理思路即可获得永久偶极矩 μ。

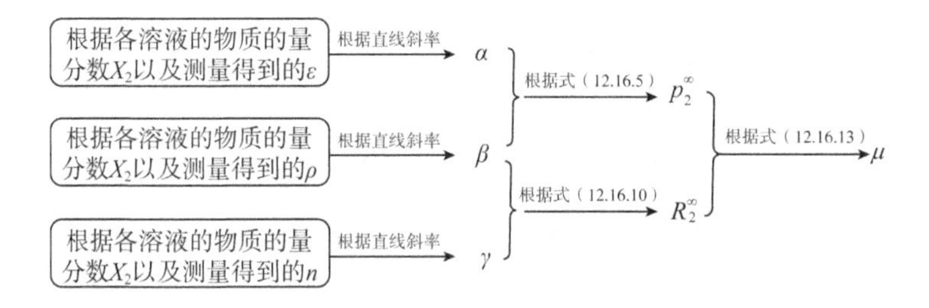

四、仪器和试剂

1. 仪器：精密电容测量仪 1 台，密度管 1 支，阿贝折光仪 1 台，容量瓶(25mL)5 只，注射器(5mL)1 支，超级恒温水浴装置 1 套，烧杯(25mL)5 只，刻度移液管(5mL)1 支，洗耳球 1 只，滴管 5 根等。

2. 试剂：环己烷(AR)，乙酸乙酯(AR)等。

五、实验步骤

1. 配制溶液

在 25mL 容量瓶中准确配制物质的量分数 X_2 为 0.05、0.10、0.15、0.20、0.30 的乙酸乙酯-环己烷溶液(通过精确称量配制，不需要定容)。

2. 测定折光率

在(25.0±0.1)℃的条件下，用阿贝折光仪测定环己烷以及配制的上述 5 种溶液的折光率。

3. 测定密度

取一洗净干燥的密度管，先称空管质量 m_0，装满水后在超级恒温槽中恒温 5～10min，用滤纸吸取多余的液体，称量空管和水的质量 m_{H_2O}；对上述配制的 5 个溶液进行重复操作，称

量得 $m_i(i=1\sim5)$，代入下式：

$$\rho_i^{t℃}=\frac{m_i-m_0}{m_{H_2O}-m_0}\cdot\rho_{H_2O}^{t℃} \tag{2.16.23}$$

式中：m_0 为空管质量；

m_{H_2O}为空管和水的质量；

m_i 为溶液质量；

$\rho_i^{t℃}$ 为在 t℃时溶液的密度。

4. 测定介电常数

(1) C_d 的测定

以环己烷为标准物质，其介电常数与温度的关系式为：

$$\varepsilon_{环己烷}=2.052-1.55\times10^{-3}t \tag{2.16.24}$$

式中：t 为测定时的温度，℃。

用洗耳球将电容池样品室吹干，并接上电容池与电容测量仪的连接线，在量程选择键全部弹起的状态下，开启电容测量仪工作电源，预热 10min，用调零旋钮调零，然后按下"20PF"键，待数显稳定后记下数据，即为 $C'_{空}$。

用移液管量取 1mL 环己烷，注入电容池样品室，然后用滴管逐滴加入样品，至数显稳定后，记录 $C'_{环己烷}$。注意：样品不可多加，样品过多会腐蚀密封材料，渗入恒温腔，使实验无法正常进行。然后用注射器样品室内样品，再用洗耳球吹扫，至数显的数字与 $C'_{空}$ 的值相差无几(<0.02PF)，否则需再吹。

(2) 按上述方法分别测定各浓度溶液的 $C'_{溶}$，每次测 $C'_{溶}$ 后均需复测 $C'_{空}$，以检验样品室是否还有残留样品。

六、数据处理

1. 计算各溶液的物质的量分数 X_2。
2. 以各溶液的折光率 n 对 X_2 作图，求出 γ 值。
3. 计算出环己烷及各溶液的密度 ρ，作 $\rho-X_2$ 图，求出 β 值。
4. 计算出各溶液的 ε，作 $\varepsilon-X_2$ 图，求出 α 值。
5. 代入公式，求算出偶极矩 μ 值。

七、实验关键

1. 乙酸乙酯易挥发，配制溶液时动作应迅速，溶液配好后应迅速盖上瓶塞。操作时注意防止溶液的挥发和吸收极性大的水气。
2. 应防止本实验溶液中含有水分，所配制溶液的器具需干燥，溶液应透明，不混浊。
3. 测定电容时，应防止溶液的挥发及吸收空气中极性较大的水气，以免影响测定值。
4. 电容池各部件的连接应注意绝缘。

八、思考与分析

1. 在准确测定溶质摩尔极化度和摩尔折射度时，为什么要外推至无限稀释？

解 Clausius-Mosotti-Debye 从电磁理论推导摩尔极化度时，是假定分子间无相互作用的，所以式(2.16.4)只能适用于温度不太低的气相系统，然而，测定气相的介电常数和密度在实验上困难较大。若测定不同浓度溶液中溶质的摩尔极化度并外推至无限稀释，这时溶质所处的状态就和气相时相近，可消除溶质分子间的相互作用。因此，需要外推至无限稀释来计算。

2. 试分析实验中引起误差的因素。

解 测电容时，要避免水气带来的误差。另外，由于在溶液中存在溶质分子与溶剂分子以及溶剂分子与溶剂分子间作用的溶剂效应，因此，用溶液法测得的溶质偶极矩和在气相状态下测得的真空值之间存在着一定的偏差。

九、拓展内容

1. 不同的溶剂中，以溶液法测定的同一种物质的偶极矩是否相同？试说明原因。

2. 溶液法测得的溶质偶极矩与在气相状态下测得的真实值之间存在偏差，这种偏差现象称为溶液法测量偶极矩的“溶剂效应”，造成这种现象的原因是什么？

3. 查阅相关资料，学习温度法测量气相分子永久偶极矩的方法，试比较温度法和溶液法的各自的特点和局限性。

实验十七 流动法评价催化剂活性

一、实验知识点

1. 掌握流动法评价固体颗粒催化剂活性实验的操作方法。

2. 了解反应条件对催化剂活性的影响。

二、实验技能

1. 能够独立而正确地装填催化剂和设定反应温度。

2. 能够独立使用气相色谱仪检测有机气体。

三、实验原理

催化剂，又称触媒，是一类能改变化学反应速率而在反应中自身并不消耗的物质。根据国际纯粹与应用化学联合会(IUPAC)于 1981 年提出的定义，催化剂是一种物质，它能够改变反应的速率，而不改变该反应的标准吉布斯自由能变化。这种作用称为催化作用。评价催化剂活性的实验方法可大致分为静态法和流动法两类。静态法是指反应物不连续加入反应器，产物也不连续移去的实验方法。流动法是指反应物不断稳定地进入反应器发生催化反应，离开反应器后再分析其产物的组成的方法。使用流动法时，当流动的体系达到稳定状态后，反应物的浓度就不随时间而变化，但操作难度大。

催化剂活性反映催化剂转化反应物的能力，是催化剂的重要性质之一。这种能力大，活性就高；反之，活性就低。催化剂活性和反应温度关系极大。反应温度低，催化剂活性往往较小；反应温度过高，催化剂易烧结而失去活性。催化剂活性大小用有催化剂存在时反应速率增加的程度来表示。通常，由于非催化反应的速率可以忽略不计，故催化剂活性仅取决于催化反应的反应速率。

随着环境问题的日益严重，对挥发性有机物(VOCs)的排放标准的提高，目前普遍采用催化氧化反应的办法来净化挥发性有机物。本实验以乙酸乙酯(或甲苯)作为挥发性有机物的模拟反应物，测试Pd/蜂窝陶瓷催化剂对乙酸乙酯(或甲苯)的多相催化反应性能。在相界面上进行如下反应：

$$CH_3COOCH_2CH_3 + O_2 \xrightarrow{\text{催化剂}} CO_2 + H_2O$$

$$C_7H_8 + O_2 \xrightarrow{\text{催化剂}} CO_2 + H_2O$$

催化反应在图2.17.1所示的实验装置中进行。Pd/蜂窝陶瓷催化剂的活性，以通过反应体系的乙酸乙酯(或甲苯)的转化百分率来表示。在乙酸乙酯(或甲苯)的反应中，因为反应物和产物都是气态，且产物CO_2和H_2O无法用气相色谱仪检测，所以可通过气相色谱分析反应前后气相中乙酸乙酯(或甲苯)的相对量，求得乙酸乙酯(或甲苯)的转化百分率。并通过改变反应温度，求得不同温度时的催化剂活性(转化百分率)，以乙酸乙酯(或甲苯)的转化百分率对反应温度作图，得到催化剂的反应温度与乙酸乙酯(或甲苯)转化百分率的关系图。

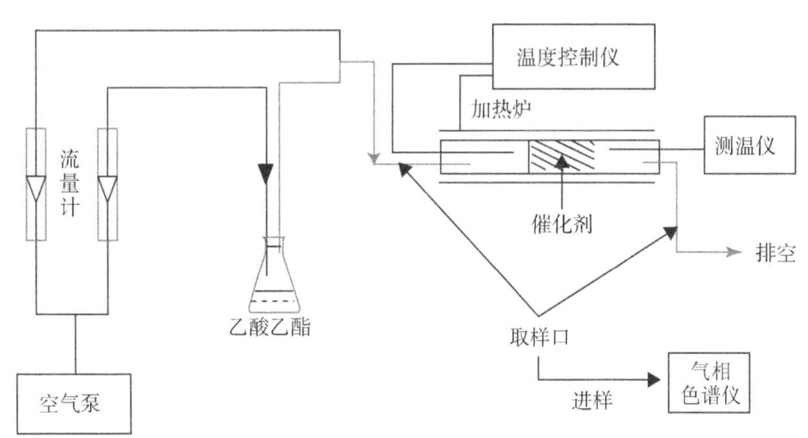

图2.17.1　催化剂的VOCs氧化活性评价装置图

四、仪器和试剂

1. 仪器：转子流量计2只，空气泵1台，程序升温控制仪1台，注射器(1mL)1个，测温仪1台，气相色谱仪1台等。

2. 试剂：H_2PdCl_6(CP)，铝胶，蜂窝陶瓷(50mm×50mm×40mm)，乙酸乙酯(CP)，甲苯(CP)等。

五、实验步骤

1. 制备催化剂

将铝胶和 H_2PdCl_6 按 99∶1(质量比)混合,用 7 倍质量的去离子水进行稀释,搅拌制得浆液。将蜂窝陶瓷放入浆液中进行浸渍,用吹风机吹出蜂窝陶瓷孔道中的浆液,取出,在室温下干燥 0.5h,再放入烘箱干燥 2h 后,500℃下焙烧 4h,制得负载 Pd 的蜂窝陶瓷催化剂。

2. 催化剂装样

将 Pd/蜂窝陶瓷催化剂锯成两半,用砂皮磨成和反应管相匹配的尺寸,将两个圆柱体(直径约为 23mm)装入反应管,将反应管装入电炉中,此时催化剂位置应刚好处于电炉的恒温区。

3. 测试装置准备

按照图 2.17.1 检查装置各部件是否装妥,向锥形瓶中加入适量乙酸乙酯(或甲苯),调节反应器的温度至规定值,开空气泵,检查系统是否漏气,在总流量保持不变的情况下,调节两个流量计的空气相对流量,根据固定时间内装有有机物的锥形瓶减少的质量和气体通过量(流量乘时间),计算有机物的浓度,建议控制带入乙酸乙酯(或甲苯)的浓度为1‰左右。

4. 调节催化剂反应温度

在有机物浓度稳定的前提下,通过温度控制器调节催化剂的温度为 210~350℃的某一数值。

5. 气相色谱分析

待反应稳定后,用注射器在反应管前后各取 1mL 气体样注入气相色谱仪中,得到对应的气相色谱峰的面积,根据气相色谱峰的面积计算乙酸乙酯(或甲苯)的转化百分率。接着改变催化剂的温度,重复上述测量步骤,获得转化百分率为 20%~100%的 3~5 个温度点。

六、数据处理

1. 以乙酸乙酯为例,求反应时乙酸乙酯的带入量。可根据以下公式计算:

$$Q=(m_{前}-m_{后})/t$$

式中:Q 为乙酸乙酯的带入量;

$m_{前}$ 为反应前乙酸乙酯的质量;

$m_{后}$ 为反应后乙酸乙酯的质量;

t 为反应时间。

根据气体通过的体积,可以计算乙酸乙酯的浓度。

将相关实验数据填入表 2.17.1。

表 2.17.1　乙酸乙酯温度-浓度变化表

温度 T	210℃	250℃	280℃	310℃	350℃
$m_{前}$					
$m_{后}$					
浓度					

2. 求不同反应温度时乙酸乙酯的转化百分率。可根据以下公式计算：

$$C=(A_{前}-A_{后})/A_{前}\times 100\%$$

式中：C 为乙酸乙酯的转化百分率；

$A_{前}$ 为反应前乙酸乙酯峰面积；

$A_{后}$ 为反应后乙酸乙酯峰面积；

将相关实验数据填入表 2.17.2。

表 2.17.2　乙酸乙酯温度-峰面积变化表

温度 T	210℃	250℃	280℃	310℃	350℃
$A_{前}$					
$A_{后}$					

七、实验关键

1. 气体样注入气相色谱仪的氢火焰检测器时操作要迅速，且每次操作尽量保持一致。

2. 在实验中，要求反应气体流量保持稳定，乙酸乙酯浓度控制在 1‰左右。对于催化剂的活性评价，要找到反应温度与转化百分率的关系。

3. 在本实验条件下，只有乙酸乙酯完全分解为 CO_2 和 H_2O，我们才认为乙酸乙酯转化完全。由于反应物和产物都是气态，且在气相色谱分析中，产物 CO_2 和 H_2O 都不能被检测，因此，通过色谱分析反应前后的气体，即得到反应前后乙酸乙酯的峰面积，或反应前后乙酸乙酯的相对含量，从而计算乙酸乙酯的转化百分率，进而判断催化剂的活性大小。

八、思考与分析

1. 评价催化剂性能好坏有哪些指标？

解　(1) 活性(activity)：指催化剂使某一反应的反应速率增加的程度。

(2) 选择性(selectivity)：指在能发生多种反应的反应系统中，同一催化剂促进不同反应的程度的区别。常表现为目的产物所占消耗反应物的百分比。

(3) 寿命(lifetime)：指催化剂能使反应维持一定转化百分率和选择性所使用的时间。

其中活性的好坏是根本。只有活性较好的催化剂才值得进一步研究考虑它的选择性、寿命及制备成本等。

2. 简述氢火焰检测器的基本原理及特点。

解　氢火焰检测器由电离室和放大电路组成，是以氢气和空气燃烧生成的火焰为能源。

当有机化合物进入以氢气和氧气燃烧的火焰，在高温下产生化学电离，电离产生比基流高几个数量级的离子，在高压电场的定向作用下，形成离子流，微弱的离子流经过高阻放大，成为与进入火焰的有机化合物量成正比的电信号。因此，可以根据信号的大小对有机物进行定量分析。其主要特点是对几乎所有挥发性的有机化合物均有响应，而且所有烃类化合物（碳原子数≥3）的相对响应值几乎相等，这给化合物的定量带来很大的方便。氢火焰检测器由于具有结构简单，性能优异，稳定可靠，操作方便，对气体流速、压力和浓度变化不敏感，可以和毛细管柱直接联用等优点，成为应用最广泛的气相色谱检测器。

3. 采用流动法评价固体颗粒催化剂活性，其实验装置的关键是什么？

解 流动法指反应物不断稳定地进入反应器发生催化反应，待产物离开反应器后再分析其组成的方法。使用流动法时，当流动的体系达到稳定状态后，反应物的浓度就不随时间变化而变化。流动法操作难度较大，计算也比静态法麻烦，保持体系维持稳定状态是其成功的关键。因此，各种实验条件（温度、压力、流量等）必须恒定。另外，应选择合理的流速，流速太大时反应物与催化剂接触时间不够，来不及反应就流出；太小则气流的扩散影响显著，有时会引起副反应。

九、拓展内容

1. 利用本实验设计一个甲烷催化氧化的活性评价实验。
2. 了解掌握气相色谱的原理，并能拓展使用热传导检测器的气相色谱。
3. 将有机物催化净化技术用于室内甲醛等有机物的净化、家用燃气炉的助燃以改善厨房的环境。

实验十八 过氧化氢催化分解反应

一、实验知识点

1. 学会用量气法测过氧化氢分解反应速率常数及半衰期。
2. 熟悉一级反应的特点，了解催化剂、温度对过氧化氢分解反应速率的影响。
3. 学习用作图法求解一级反应速率常数。

二、实验技能

1. 能够顺利正确地搭建实验装置，独立完成实验。
2. 学会操作量气装置，并能准确读取数值。
3. 能够分析和处理实验过程中遇到的问题。

三、实验原理

在适当的条件下，许多有机物都能够迅速而完全地进行氧化反应，这种反应速率只与某反应物浓度的一次方成正比的反应称为一级反应。实验已证明，过氧化氢分解反应为一级反应。分解反应式如下：

$$H_2O_2 \longrightarrow H_2O + \frac{1}{2}O_2$$

若该反应是一级反应，则反应速率遵守以下方程：

$$-\frac{dc}{dt} = kc \tag{2.18.1}$$

式中：k 为速率常数；

c 为时间 t 时反应物的浓度。

将式(2.18.1)积分得：

$$\ln c = -kt + \ln c_0 \tag{2.18.2}$$

式中：c_0 为反应开始时反应物的浓度。

以 $\ln c$ 对 t 作图，可得一直线，其斜率为速率常数的负值($-k$)，截距为 $\ln c_0$。

式(2.18.2)可以改写为以下形式：

$$\ln \frac{c}{c_0} = -kt \tag{2.18.3}$$

当 $c = \frac{1}{2}c_0$ 时，t 可用 $t_{\frac{1}{2}}$ 表示，即为反应的半衰期：

$$t_{\frac{1}{2}} = \frac{\ln 2}{k} = \frac{0.693}{k} \tag{2.18.4}$$

从式(2.18.4)可知，在一定温度时，一级反应的半衰期与反应速率成正比，与反应物的起始浓度无关。

H_2O_2 在常温、无催化剂存在时分解很慢，当加入催化剂后反应加快。Ag、MnO_2、Pt、KI 和 $FeCl_3$ 等都对 H_2O_2 的分解反应有催化作用。本实验以 KI 为催化剂，测定 H_2O_2 分解反应的速率常数。从分解反应可知，H_2O_2 分解反应的速率与 O_2 析出的速率成正比。以 V_t 和 c 表示时间 t 时从量气管测得的 O_2 的体积和 H_2O_2 的浓度，V_f 表示 H_2O_2 完全分解时的 O_2 的体积，则：

$$c \propto (V_f - V_t)$$

式(2.18.3)可写作：

$$\ln \frac{V_f - V_t}{V_f} = -kt \tag{2.18.5}$$

V_f 的求取方法有：

① 外推法。以 $\frac{1}{t}$ 对 V_t 作图，将直线外推至 $\frac{1}{t}=0$，其截距即为 V_f。

② 完全反应法。将反应液在60℃左右反应约20min即可反应完全，量得的 O_2 的体积为 V_f。

四、仪器和试剂

1. 仪器：恒温水浴磁力搅拌器1台，量气装置1套，移液管(10mL)1支，储液漏斗

(25mL)1 个等。

2. 试剂：0.1mol · L^{-1}KI 溶液，30% H_2O_2 溶液等。

五、实验步骤

1. 组建实验装置

搭建如图 2.18.1 所示的实验装置，记录与水准瓶相平的量气管刻度为 V_a。

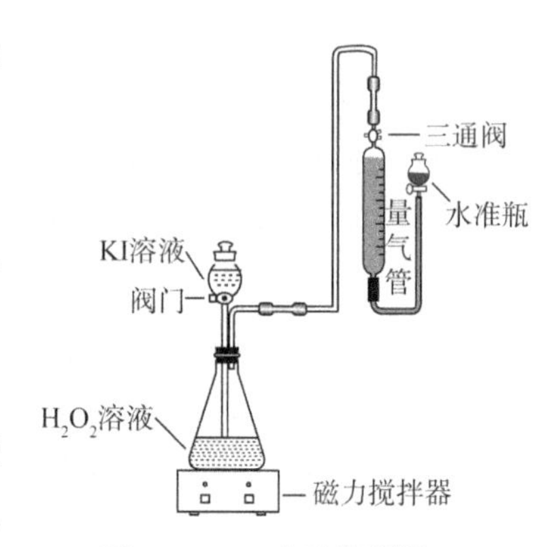

图 2.18.1 实验装置图

2. 漏气试验

将三通阀置于与反应系统相连的状态，降低水准瓶，若液面保持一定位置且在 2min 内不变，表明系统不漏气。

3. 开始反应

打开储液漏斗阀门，将准确计量体积为 V_b 的 KI 溶液快速放入锥形瓶中，关闭阀门。开始反应，设 $V_0 = V_a + V_b$。打开磁力搅拌器，小心调节搅拌速度。

4. 记录数据 t 和 V_t

设时间 t 时量气管的读数为 V，$V_t = V - V_0$。(间隔 2min)

5. 升温

升温到 60℃继续反应 20min，所得 V_t 为 V_f。

6. 实验结束

整理仪器。

六、数据处理

1. 将实验数据填入表 2.18.1 及表 2.18.2。

表 2.18.1 反应时间 t 与析氧体积 V_t

室温：________ V_a：________ V_b：________ V_f：________

t/min						
V/mL						
V_t/mL						

表 2.18.2 $\ln(V_f - V_t)$-t 作图数据

t/min						
$(V_f - V_t)$/mL						
$\ln(V_f - V_t)$						

2. 以 $\ln(V_f - V_t)$ 对 t 作图，从直线斜率求速率常数 k。

七、实验关键

1. 在进行实验时,反应体系必须与外界绝对隔离,以避免氧气逸出。
2. 实验温度保持恒定,迅速搅拌。
3. 每次读数时水准瓶的液面要与量气管中的液面齐平,保持内外压强相等。

八、思考与分析

1. 催化剂的用量是否有要求?

解　催化剂的用量直接影响 k 值的大小。所测 k 值是指在一定量的催化剂作用下于某温度下的反应的速率常数。

2. 如何求活化能?

解　在相同条件下,测定不同温度时的 k 可求活化能。

3. 漏读1个间隔的数据是否会对实验有影响?

解　并没有影响。读取数据的时间间隔可以自行调整,但间隔时间不要太短或太长。

4. 收集的气体中含有水蒸气,是否会影响速率常数 k 值?

解　扣除水蒸气的计算可用$[(V_f-V_t)x]$代替(V_f-V_t)。在一定温度时,x 为常数。由 $\ln[(V_f-V_t)x]=\ln(V_f-V_t)+\ln x$ 关系可知:$\ln(V_f-V_t)$对 t 作图时,是否扣除水蒸气的体积,不影响曲线的斜率,故不影响速率常数。

九、拓展内容

1. V_f 值还可以通过化学分析法来求得,试设计实验过程。
2. 若催化剂改为 MnO_2,则在实验过程中需要注意哪些事项?

实验十九　BET 容量法测定固体的比表面积

一、实验知识点

1. 了解表面吸附的一些基本概念。
2. 掌握 BET 容量法测定固体的比表面积的原理。

二、实验技能

1. 能够掌握美国康塔公司的 Quantachrome Autosorb-1 氮吸附分析仪的使用方法。
2. 能够独立完成比表面积测定实验。
3. 学会分析和处理数据。

三、实验原理

吸附是指气体或液体通过分子间的作用力聚集在固体表面的一种现象。固体称为吸附剂,被吸附的气体或液体称为吸附质。根据分子间作用力的性质不同,吸附可以分为物理吸附和化学吸附。物理吸附主要依靠分子间范德华力的作用,吸附热小,速度快,吸附质被吸附以后容易发生脱附，并且吸附剂不发生变化。而化学吸附主要依靠形成化学键的方式发生吸附，吸附热大，速度慢，不易发生脱附，脱附后吸附剂发生变化。

固体物质的比表面积是衡量固体表面吸附性质的一个重要性能指标。它与固体物质的孔径分布是评选催化剂和了解固体表面性质的两个重要参数。固体的比表面积是指 1g 固体所具有的总表面积，包括外表面积和内表面积。为了测固体的比表面积，1916 年，Langmuir 提出了基于单分子吸附层假设的吸附理论。在单分子层吸附的条件下，当吸附达到饱和后，如果知道饱和吸附量（吸附质的分子数）和每个吸附分子在吸附剂上占据的面积，就可以通过简单相乘来求得吸附剂（即固体）的比表面积。然而，实验发现大部分物理吸附不是单分子层吸附，而是多分子层吸附。1938 年，Brunauer、Emmett 和 Teller 三人推广了 Langmuir 的单分子层吸附理论，建立了以他们三者名字命名的 BET 多分子层吸附理论。

在 BET 多分子层吸附理论中，他们假设在等温条件下发生物理吸附的吸附剂与吸附质之间的作用力是分子间范德华力，发生单层吸附后，吸附质还会继续通过范德华力的作用吸附同类吸附质分子，从而形成多分子层吸附。根据这些假设，推导出了 BET 等温方程式：

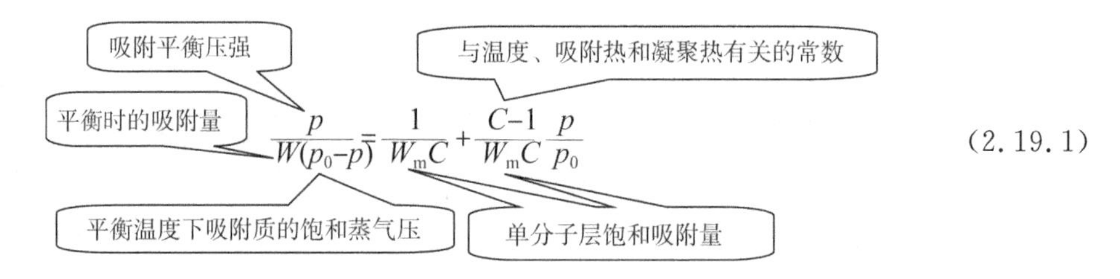

$$\frac{p}{W(p_0-p)}=\frac{1}{W_m C}+\frac{C-1}{W_m C}\frac{p}{p_0} \qquad (2.19.1)$$

其中吸附量也可以用体积 V 和 V_m 来代替。BET 公式的适用范围是相对压强 p/p_0 为 0.05～0.35，故实验中要注意控制引入气体的量。根据式(2.19.1)，如果实验中测得一系列 p 和 W，则可以作 $1/[W(p_0/p-1)]$- p/p_0 图，其斜率为 $(C-1)/(W_m C)$，截距为 $1/(W_m C)$，由斜率和截距即可算出 W_m。根据单分子层吸附理论，如果此时知道单个吸附质分子的截面积，就可以根据下式求得吸附剂的比表面积。

阿伏伽德罗常数　吸附质单分子的截面积　比表面积　吸附剂的量

$$A=\frac{W_m N_A \sigma_A}{22400 \cdot W} \qquad (2.19.2)$$

根据 Emmett 和 Teller 的建议，吸附质单分子的截面积采用下式计算：

吸附质的摩尔质量　实验温度下，吸附质的液体密度

$$\sigma_A=4\times 0.866\left(\frac{M}{4\sqrt{2}\cdot N_A \cdot \rho}\right)^{2/3} \qquad (2.19.3)$$

四、仪器和试剂

1. 仪器：Quantachrome Autosorb－1 氮吸附分析仪（美国康塔公司）1 台，电子天平 1 台，样品管若干，填充棒若干等。

2. 试剂：高纯氮气和氦气，液氮，去离子水，无水乙醇，测试样品（根据实验条件确定）等。

五、实验步骤

1. 样品准备

实验中需要颗粒状样品。若是粉末状样品，需先压片。

2. 空样品管准备

将清洁的空样品管(如果需要连同填充棒)装在仪器的脱气站，真空脱气 4～6min，无需对样品管加热，脱气结束后，回填氮气，卸下样品管并立即盖上橡皮塞，在电子天平上称重，并记作 m_1，然后归零。

3. 装样品

将样品装入已称重的样品管。所需样品量因样品的不同而不同，一般应使管中样品总表面积保持在(20～50)m_2。记录样品质量为 m_2。

4. 样品预处理

将样品管放入加热包，用金属夹将加热包固定好，然后将样品管装到脱气站口上。在所有的需要脱气的样品都装好后，开始脱气，这时被选脱气站的指示灯点亮，并设置相应的脱气温度。脱气温度要低于样品最高处理温度，且在 200～300℃。

5. 回填气体

脱气至少 4h 后，关掉加热包，并轻轻从样品管上取下，待样品管冷却至室温，电脑上点击“Remove”回填气体。

6. 样品管称重

回填气体结束后，取下样品管并盖上橡皮塞，在电子天平上称重，并记作 m_3。然后计算出脱气后的样品的质量 m_4，$m_4 = m_3 - m_1$。

7. 氮气吸附测试

在杜瓦瓶中装入足量新鲜液氮，并将样品管装到仪器的测试口，然后在主菜单中的“Analysis Menu”→“Physisorption Analysis Menu”中分别设定好以下参数：样品名、操作者、吸附气、样品质量、脱气时间、脱气温度，之后单击“Load User File”选择“5BET. usr”，单击“start”开始测试。并记录六组数据：p/p_0 及相应的氮气吸附量 W。

8. 样品管处理

样品测试结束后，取下样品管，倒掉样品，然后把样品管用去离子水清洗干净，再用无水乙醇清洗，之后把样品管置于烘箱中烘干，待下次使用。

六、数据处理

1. 根据 BET 公式(2.19.1)，由各 p/p_0 及相应的 W 计算 $1/[W(p_0/p-1)]$。
2. 以 p/p_0 为横坐标，$1/[W(p_0/p-1)]$为纵坐标，作 $1/[W(p_0/p-1)]$- p/p_0 图。
3. 从图中得到斜率与截距，并计算 W_m。
4. 根据式(2.19.2)求吸附剂的比表面积 A。

数据处理示例：

① 表 2.19.1 为样品管及样品处理前后的质量。表 2.19.2 为实验测得的 p/p_0、V、W 及 $1/[W(p_0/p-1)]$值。

表 2.19.1　实验数据记录表 1

空样品管质量 m_1/g	未处理样品质量 m_2/g	样品管＋处理样品后质量 m_3/g	处理样品后质量 m_4/g
19.9583	0.1846	20.1207	0.1624

表 2.19.2　实验数据记录表 2

编号	1	2	3	4	5
p/p_0	0.10334	0.15456	0.19713	0.25423	0.29768
V/mL	39.2682	45.8397	50.6466	56.7226	61.1207
W/g	0.04909	0.05730	0.06331	0.07090	0.07649
$1/[W(p_0/p-1)]$	2.348	3.191	3.879	4.809	5.548

② 根据原理中所阐述的方法作图(图 2.19.1)。

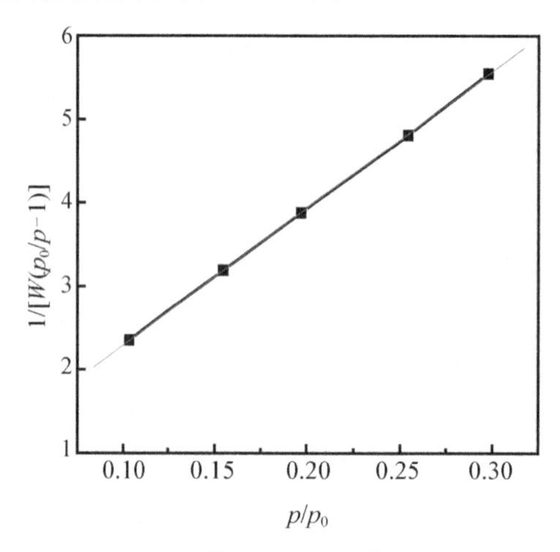

图 2.19.1　$1/[W(p_0/p-1)]$- p/p_0 图

七、实验关键

1. 样品必须是颗粒状，以免损坏仪器。
2. 样品量过少将引起误差，样品量过多将增加测量时间。
3. 脱气站和测量站装样品管时，要小心，以免拧碎样品管。
4. 测量时要保证杜瓦瓶中有足够的液氮。
5. 测量吸附时，吸附平衡的建立需要足够的时间，当系统压力基本不变时，可以认为系统已达到吸附平衡。

八、思考与分析

1. BET 公式的适用范围是多少？

解 BET 公式的适用范围是相对压强 p/p_0 为 0.05～0.35。这是因为相对压强过低，吸附剂表面吸附很不均匀，难以形成多层物理吸附模型；而相对压强过高，吸附质分子间的作用太强，又会影响脱附过程。

2. 有些 BET 实验仪器中，还要进行“死质量”或“死体积”的测量，请问这有什么作用？

解 “死质量”或“死体积”是指在样品吸附气体时，会有一定量的气体留存于管道及样品管中。这部分在计算真正吸附量时要予以扣除。

九、拓展内容

1. 根据 Langmuir 单分子吸附层假设的吸附理论，推测溶液吸附法测定固体比表面积的原理及方法，并比较两种方法有何不同。

2. 将比表面积与催化反应相联系，试讨论比表面积对催化剂活性有什么影响。

实验二十 X 射线粉末衍射图谱的测定

一、实验知识点

1. 了解 X 射线衍射仪的工作原理和简单结构。
2. 掌握 X 射线衍射法的原理和基本操作。
3. 学习用 X 射线衍射法检测样品晶体的晶胞常数、点阵类型、晶体密度等。
4. 学习 X 射线衍射图谱分析以及根据图谱对样品进行物相分析。

二、实验技能

1. 能够独立完成 X 射线衍射仪的实验操作。
2. 能够根据 X 射线衍射图谱，分析鉴定样品的物相。

三、实验原理

1. X 射线的产生及其在晶体中的作用

X 射线与普通的光谱一样，也是一种电磁波，只是它的波长较短。1895 年，德国科学家伦琴在研究阴极射线时发现了 X 射线。

衍射实验所用的 X 射线通常是在真空度为 10^{-4} Pa 的 X 射线管内，由高压(30～60kV)加速的电子冲击阳极金属靶面(如钼或铜)时产生的。根据机理不同，由 X 射线管产生的 X 射线可分为白色 X 射线(连续谱)和特征 X 射线(特征谱)。

X 射线具有直进性、折光率小、穿透力强等特点，当它射到晶体上时，大部分可以透过，小部分被吸收或发生散射，而光学的反射、折射极小，可忽略不计。图 2.20.1 表示 X 射线在晶体中的作用。

X射线 → 晶体
- 非射线的能量转化
  - 热能
  - 光电效应
- 透过(绝大部分)
- 散射
  - 不相干散射(波长和方向均改变)
  - 相干散射(波长和相位不变,方向改变)——衍射效应

图 2.20.1　X射线在晶体中的作用

从中可知：相干散射效应是X射线在晶体中产生衍射的基础。

2. X射线衍射产生的条件(布拉格方程)

晶体衍射所用的X射线波长为50～250pm(0.5～2.5Å)，当X射线透过晶体时可以产生衍射效应。衍射方向与波长(λ)、晶体结构、晶体取向等因素有关，若以($h^* k^* l^*$)代表晶体表面的一族平面点阵(或晶面)的指标($h^* k^* l^*$为互质的整数)，$d_{h^* k^* l^*}$是这族平面点阵中相邻两平面之间的距离，入射X射线与这族平面点阵的夹角$\theta_{nh^* nk^* nl^*}$满足布拉格(Bragg)方程时，即可产生衍射：

$$2d_{h^* k^* l^*} \sin\theta_{nh^* nk^* nl^*} = n\lambda$$

式中：n为整数，$n\lambda$表示相邻两平面点阵的光程差为n个波长，所以n又叫衍射级数；$nh^* nk^* nl^*$常用hkl表示，称为衍射指标。

布拉格方程如图2.20.2所示。

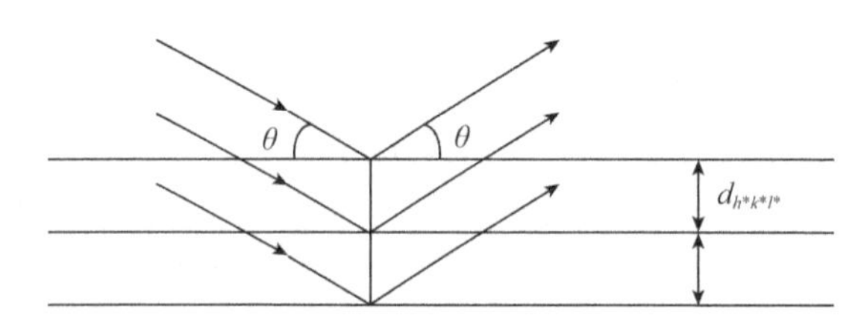

图 2.20.2　布拉格方程示意图

当一束X射线照到晶体上，和平面点阵的夹角θ满足布拉格方程式时，衍射线方向与入射方向相差2θ。由于粉末晶体各种取向不同，同一族平面点阵和X射线夹角θ的方向有无数个，产生无数个衍射，分布在顶角为4θ的圆锥上，如图2.20.3所示。

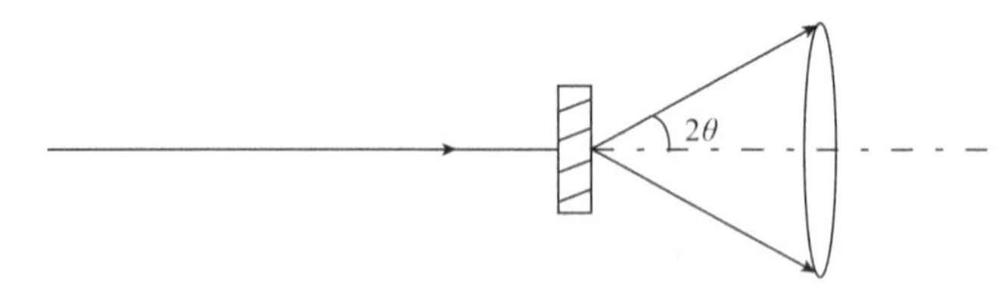

图 2.20.3　粉末法原理示意图

3. X射线衍射仪的基本结构及其工作原理

每个晶体都具有自己独特的晶体结构。当X射线衍射通过某晶体时，可利用X射线衍射仪直接测定和记录所产生的晶体衍射方向和衍射强度，根据所产生衍射效应可鉴别晶体的物相，确定晶体的物质结构。图2.20.4是X射线衍射仪的构造简图。将样品安置在测角器中心底座上，计数管始终对准中心，绕中心旋转。样品每转2θ角，电子记录仪的记录纸也

同步转动，逐一把各衍射的强度记录下来。在记录图中，一个坐标表示衍射角 2θ，另一坐标表示衍射强度的相对大小。

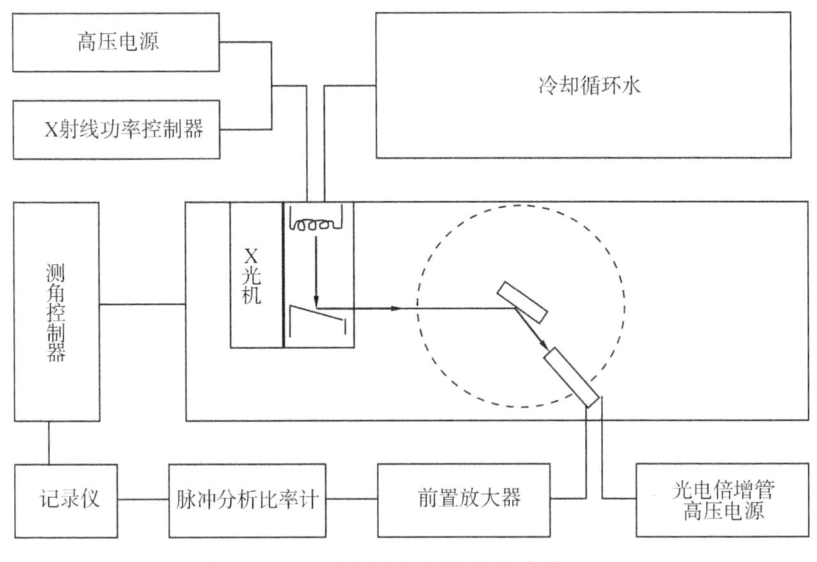

图 2.20.4　X射线衍射仪的构造简图

四、仪器和试剂

1. 仪器：Philips PW3040/60 型 X 射线衍射仪（Cu 靶）1 台，玛瑙研钵 1 个，325 目分样筛 1 个等。

2. 试剂：NaCl(AR)等。

五、实验步骤

1. 准备工作

开启系统电源，调好探头高压、计数率量程、时间常数、扫描速率，开启 X 光机冷却水，开启主机电源，等待仪器稳定。

2. 样品制备

(1) 在玛瑙研钵中，将样品晶体磨至 200～325 目。

(2) 将样品框置于表面平滑的玻璃板上，把样品均匀地洒入框内，略高于样品框板面。

(3) 用不锈钢刮片压紧样品，使样品足够紧密且表面光滑平整，附着在框内不至于脱落。

(4) 将装好样品的样品框插在测角仪中心的底座上，关好 X 射线衍射仪的铅玻璃防护窗。

3. 扫描记录

打开冷却水，使水压高于 4.0MPa，然后开启 X 射线衍射仪总电源，将管压调为 40kV，管流调为 40mA（Cu 靶）。仪器准备好后，应用相关软件控制，调节好各项参数，并开始 X 射线衍射扫描，记录分析实验结果，对所得图谱进行处理保存。

4. 关闭仪器

按开启时的反程序复原，然后切断总电源，1min 后关闭冷却水。

六、数据处理

1. 用 Origin 软件绘出 X 射线衍射图谱，根据物质的晶体粉末衍射图谱量出每一衍射线的 2θ 角，由布拉格方程式计算出每条衍射线的 d/n 值（或直接查晶体 X 射线衍射角与面网间距换算表得 d/n 值），予以指标化，由每条衍射线的衍射峰面积或者用其相对高度计算衍射强度 I/I'。将实验数据记录于表 2.20.1。

表 2.20.1 实验数据记录及处理

编号	2θ	d/n	I/I'
1			
2			
3			
4			
5			

2. 根据 d/n、I/I' 的数据去查对 PDF 或 ASTM 卡片，即可知道被测物质的化学式、习惯用名以及各种结晶数据。

七、实验关键

1. 使用 X 射线衍射仪时，必须严格按照操作规程进行，尤其是水、电开关的先后顺序。

2. 粉末衍射图谱的质量与样品制备有密切关系。在研磨样品时，必须以不损害晶体的晶格为前提。将样品研磨至 200～325 目，一般至手感无颗粒感觉方可。

3. 安放样品时确认样品与照相机中心轴合轴，且不随中心轴转动而左右晃动。

4. 由于 X 射线具有较强的穿透力，对人体有很大的影响，如灼伤人体的皮肤，刺伤眼睛等；同时，由于高压变电流的存在可能激发空气中的 N、O 等发生反应而产生有毒气体，因此，在实验过程中应注意防止 X 射线直接照射，进行样品检测时应关好铅玻璃窗，另外保持室内通风干燥。

八、思考与分析

1. 样品的粒度对衍射图谱有什么影响？

解 样品的粒度取决于射线照射量、样品本身对称性以及曝光过程中样品条转动的情况。一般而言，样品细些，所得衍射线较为平滑。立方、六方等较高对称性的晶体，200 目即可得到较好图相，但是单斜和三斜等低对称性晶体，即便 325 目，有时也会得到不连续的点状衍射线。

2. 多晶体衍射能否用多种波长的多色 X 射线？

解 多种波长的多色 X 射线不能用于多晶衍射的测定。

3. 布拉格方程并未对衍射级数 n 和晶面间距 d 做任何限制，但实际应用中为何只用到数量非常有限的一些衍射线？

解　主要原因是系统消光。由于系统消光，使各种点阵类型的衍射线分布具有各自的特征，所以只需用数量有限的衍射线就可以进行物相分析。

4. 非晶物质能否散射X射线，能否得到X射线图像？

解　非晶物质能散射X射线。但是非晶物质不是点阵结构，所以既不可能让某方向上所有散射波都对消，也不可能让某方向上所有散射波都加强。因此，得到的将是一个比较弥散的、无一定花样的图形，不能用于物相分析。

九、拓展内容

1. 右图是一未知物的X射线衍射图谱，根据该图尝试对此未知物进行物相分析。

2. 学习 MDI Jade 软件，将作出的图形与PDF标准卡片对比，并能够对所作图形进行简单地分析。

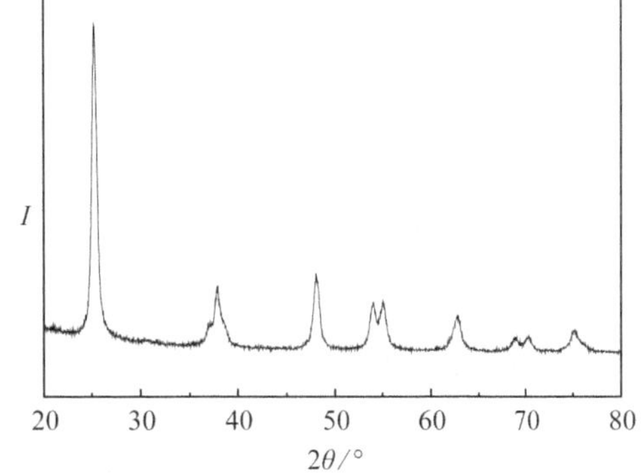

实验二十一　胶体制备和电泳

一、实验知识点

1. 知道胶体电泳及电动电势（ζ 电势）的概念。
2. 掌握测定溶胶 ζ 电势的原理，观察并熟悉胶体电泳的现象。

二、实验技能

1. 掌握凝聚法制备 $Fe(OH)_3$ 溶胶和纯化溶胶的方法。
2. 能够独立利用电泳实验装置测定 $Fe(OH)_3$ 溶胶的 ζ 电势。

三、实验原理

在胶体溶液中，分散在介质中的微粒由于自身的电离或表面吸附其他离子而形成带一定电荷的胶粒，同时在胶粒附近的介质中必然分布与胶粒表面电性相反而电荷数量相同的离子，形成一个双电层。

在外电场作用下，带电荷的胶粒向带相反电荷的电极移动，称为电泳。带电荷的胶粒与分散介质间的电位差，称为电动电势，或 ζ 电势。它随吸附层内离子的浓度、电荷性质的改变而变化。ζ 电势与胶体的稳定性有密切的关系：ζ 电势的绝对值越大，表明胶粒荷电越多，胶粒间斥力越大，胶粒越稳定。

本实验采用电泳法测量胶体的 ζ 电势。通过观察时间 t 内电泳仪中溶胶与辅助液的界面在电场作用下移动的距离，即泳动速率 u，按下式求 ζ 电势。

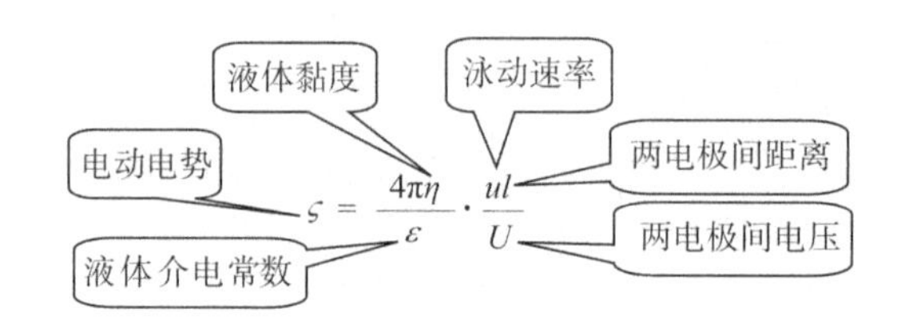

$$\varsigma = \frac{4\pi\eta}{\varepsilon} \cdot \frac{ul}{U}$$

四、仪器和试剂

1. 仪器：稳压电源 1 台，U 形电泳管 1 支，铂电极 1 支，电导率仪 1 台，直尺 1 把等。
2. 试剂：5% $FeCl_3$ 溶液，饱和 KCl 溶液，尿素(AR)等。

五、实验步骤

1. 胶体制备

将 220mL 蒸馏水加热至沸，滴加约 20mL 5% $FeCl_3$ 溶液，制成 0.5% $Fe(OH)_3$ 胶体。络合或渗析反离子。

2. 半透膜渗析，尿素络合

用火棉胶在 300mL 锥形瓶中制作半透膜，70℃下进行热渗析，直至胶体电导在 15～130μS，或者稍冷却后加 4%尿素络合多余的反离子 Cl^-。

3. 辅助液制备

用 KCl 配制与胶体扩散层相仿、电导也相似的辅助液。

4. 电泳仪装置准备

将两铂片弯成平板成为平行电极(图 2.21.1)，测量两极间距离，小心灌胶体及辅助液，务必使界面清晰。

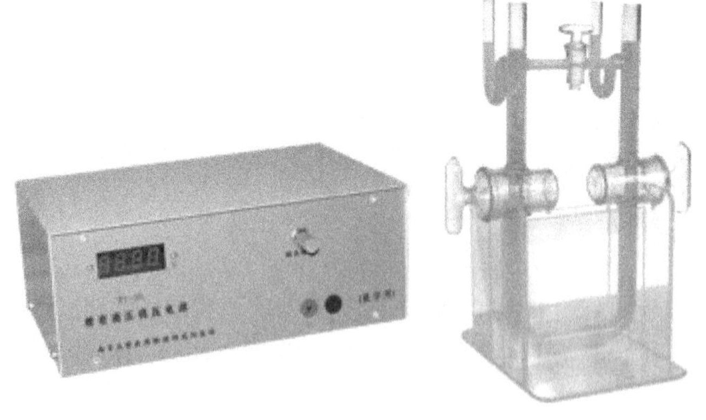

图 2.21.1　电泳实验装置图

5. 通电测量

通电 40min，每 10min 记录 1 次胶体向负极的移动距离。

6. 电压反向再测

改变电压方向，按照上述实验步骤 4 和 5 再次重复实验操作。

7. 计算

计算 ζ 电势，注意单位换算，取测量平均值。

六、数据处理

1. 将实验数据填入表 2.21.1。

表 2.21.1　通电时间-界面移动距离

室温：_____　大气压：_____　ε：_____　η：_____　U：_____　l：_____　$G_{胶}$：_____　$G_{辅}$：_____

时间 t/s	界面高度 h/m	界面移动距离 l'/m	电泳速率 u/(m·s^{-1})	电泳速率平均值 $\bar{u}$/(m·s^{-1})

2. 按公式计算电位梯度及电泳速率。

3. 由液体的介电常数、黏度等计算 ζ 电势。[0～45℃时，$\ln\varepsilon_t = 4.474268 - 4.54420\times10^{-3}t$（$t$ 的单位为℃）]

文献值：$Fe(OH)_3$ 溶胶的 $\zeta = +0.044V$。要求学生测值误差在 $\pm0.005V$ 以内。

七、实验关键

1. 用 2%～5% $FeCl_3$ 溶液水解制备 $Fe(OH)_3$ 溶胶时，$FeCl_3$ 溶液应逐滴加入沸腾的蒸馏水中并不断搅拌。加完后，根据情况可适当延长煮沸时间，制得的溶胶不能长时间存放，若底部有沉淀物应除去。用火棉胶制作半透膜，渗析 1～2d，其间需经常换蒸馏水。热渗析可加快渗析过程。还可配合加尿素，缩短渗析时间。不过，渗析也宜适当，渗析过分，没有足够量的反离子保障胶体的电学稳定性，溶胶反而易聚沉。

2. 电泳仪应洗净，避免因杂质混入电解质溶液而影响溶胶的 ζ 电势，甚至使溶胶凝聚。

3. 辅助液的选择和配制对结果的准确性也有较大影响。如辅助液（本实验为 NaCl 稀溶液）的电导与溶胶的电导不一致，电泳时溶胶部分与辅助液部分的电位梯度就不同，ζ 电势的计算公式就不能适用。理论分析和经验均表明：若辅助液与溶胶电导不同，在界面处的电场强度发生突变，实验时就产生界面在一管中上升的距离不等于在另一管中下降的距离的现象，如辅助液电导过大，会使界面处溶胶发生聚沉。有文献报道，用 NaCl 稀溶液配制的辅助液远比用 HCl 的好。

4. 实验过程中，必须随时检查施于两极的电压的稳定性，并予以保证。界面移动法的难点之一是与溶胶形成界面的辅助溶液的选择。溶胶的 ζ 电势对介质成分十分敏感，从正、负离子迁移速率相近这一要求来说，KCl 比 KNO_3 好，可以用超离心方法取出由溶胶中分离出来的分散介质，以其作为辅助液，该滤液称为“超滤液”。

5. 本实验中对两铂电极施加外加电场，电压达到 100V 以上，两电极上有气泡析出（发生电解)，致使辅助液电导发生变化，扰动界面，影响实验精度。改善的办法是将辅助液与电极用盐桥隔开，或用电化学上的可逆电极替换铂电极。

6. 计算 ζ 电势时，η、ε 值采用同温度下纯水的数据，会引入一定误差。

7. 长时间通电会使溶胶及辅助液发热，接近电泳池管壁的溶胶或辅助液散热较管中间部分的快，管中间部分的溶胶或辅助液就较管壁附近的具有较高的温度，溶液因密度差引起对流，使界面不清晰。

8. 溶胶电导大，说明杂质离子(多余 Cl^- 和 FeO^+)多。反离子多，则扩散层被压缩，ζ 电势就相应减少，扩散层压缩到底，即 ζ 电势等于零。当 $\zeta<20mV$ 时，胶体都因不稳定而发生聚沉。还有胶体的布朗运动，其强度足以克服胶粒之间所剩的较小的静电斥力作用而使之聚沉。

八、思考与分析

1. $Fe(OH)_3$ 胶体带什么电荷?

解 $Fe(OH)_3$ 胶体带正电荷。

2. 电泳实验中，根据哪些条件选择辅助液?

解 (1) 与胶体颜色反差要大，便于区分；

(2) 较胶体相对密度要小，界面容易清晰；

(3) 辅助液正、负离子迁移的速率要相近，克服两臂中上升和下降速率不等的困难；

(4) 辅助液电导要近于溶胶电导，以消除其间的电位梯度，否则，电泳公式不得不进行修正。若电泳公式如一般实验教材中所写：

$$\zeta=(300)^2\frac{4\pi\eta}{\varepsilon}\cdot\frac{ul}{tH}$$

则电位梯度修正为：

$$H=\frac{U}{\frac{G}{G_0}(\tau-\tau_K)+\tau_K}$$

式中：G_0 为辅助液电导值；

τ_K 为两界面间距离。

3. 电泳速率的快慢与哪些因素有关?

解 (1) 外加电场强度有关，外加电压大，电泳速率快；

(2) 与胶体净化后所测电导值有关，电导大，电泳速率快；

(3) 与两极间距离有关，距离短，电泳速率快；

(4) 与温度有关，温度高，介质的黏度降低，有利于电泳速率的提高；

(5) 与胶体的性质相关；

(6) 与辅助液的性质相关。

4. 加入尿素的作用是什么?

解 (1) 增加溶胶的相对密度，使其与辅助液间的界面清晰；

(2) 能络合一部分多余反离子 Cl^-，促进胶体稳定。

$$H_2N^+{=}C(NH_2){-}O^-+HCl\rightleftharpoons[H_2N^+{=}C(NH_2){-}OH]Cl^-$$

溶胶中加入尿素，电导迅速降低，在加至 40%左右时发生转折，而后曲线斜率变小，说明络合了部分 HCl。加尿素后的实验现象和结果与半透膜净化的结果无多大区别。

5. 用公式 $\zeta=\dfrac{4\pi\eta u}{\varepsilon(U\cdot l^{-1})}$计算时，各物理量的单位是什么？

解　计算 ζ 电势时各物理量所使用的单位容易混乱。用公式 $\zeta=\dfrac{4\pi\eta u}{\varepsilon(U\cdot l^{-1})}$计算，并采用 SI 制，电位梯度($U\cdot l^{-1}$)的单位是 $U\cdot m^{-1}$，u 的单位是 $m\cdot s^{-1}$，η 的单位是 $Pa\cdot s$，ε 的单位是 $F\cdot m^{-1}$，则所得 ζ 电势的单位是 V。

九、拓展内容

1. 293K 时测得两电极间电压为 75V，20min 内 $Fe(OH)_3$ 胶体泳动距离为 10.0mm，电极距离为 30.0mm，已知水的相对介电常数为 80.2，黏度为 1.00×10^{-3} Pa · s，试求氢氧化铁溶胶的 ζ 电势。

第3章

实验技术

3.1 BET比表面积测定技术

物理吸附技术广泛应用于测定多孔物质的表面积和孔结构。而在测量附体的表面积时，应用最广的是 Brunauer-Emmett-Teller(BET)法。

一、比表面积测定的应用

当催化剂的化学组成和结构一定时，单位质量(或体积)催化剂的活性取决于催化剂表面积的大小，而固体催化剂一般都为多孔颗粒，因此，比表面积的测定在催化、多孔材料等领域具有十分重要的作用。

二、比表面积测定的操作

本实验室采用 Quantachrome 公司生产的 NOVEWIN2 分析仪测定固体物质的比表面积。其操作步骤如下：

1. 样品准备

称量样品，然后称空管的质量，再向管中加入预先称量好的样品。将装有样品的管球端插入加热包中，再用包夹固定样品管，然后将样品管装到脱气站口上。

2. 脱气

确保样品管安装好之后，进入仪器控制面板进行脱气初始化。步骤为：主界面－3(Control Panel)－2(Degas Stations)－Load Degas Stations－1(Yes－Degas Type Selection－1)－Vacuum Degas，然后设定“加热”温度，打开“加热”按钮，开始加热。一般的样品脱气时间不少于4h。脱气结束后，先关闭“加热”按钮，取下加热包，降至室温再卸载。

3. 比表面积测定

取下样品管后，迅速在天平上称量样品管和样品的总质量，减去空管质量，得到管中样品的质量。然后在杜瓦瓶中装入足量新鲜的液氮，并将样品管装到仪器的测试口。再在电脑的主菜单中输入各测试样品的质量，开始测试。

4. 读取数据

测试结束后,可直接读取 BET 比表面积数据。

3.2　X 射线粉末衍射技术

晶体的周期结构能使晶体对 X 射线产生衍射效应,从而可以对固体样品的物相结构进行分析。晶体的 X 射线衍射分为单晶衍射和多晶粉末衍射,而大多化合物及金属都可形成粉末状的微晶体,很难得到单晶,所以本部分内容仅限于介绍 X 射线粉末衍射(又称 XRD)分析的基本原理及其在催化剂测试中的应用。

一、X 射线粉末衍射的应用

粉末衍射的主要应用是对固体样品的物相结构进行定性、定量分析。

1. 定性分析

每种晶体的原子都按照各自的特定方式进行排布,所以都有它们特定的晶面间距 d 值。这反映在粉末衍射图谱中,就是各种晶体的谱线都有其特定的位置、数目和强度。因此,只要将未知样品衍射图谱中各谱线测定的衍射角 θ 和强度 $I(2\theta)$ 与已知样品所得的谱线进行比较,就可达到定性分析的目的。

2. 定量分析

X 射线衍射也是物相定量分析的得力工具。物相定量分析的依据是,XRD 图谱中,一物相的衍射强度随它在样品中的含量的增加而提高。

二、X 射线粉末衍射的操作

本实验室的 X 射线粉末衍射仪是 Philips X'Pert(Pw 3040/60)。其操作方法如下:

1. 准备工作

开启系统电源,调好探头高压、计数率量程、时间常数、扫描速率,开启 X 光机冷却水,开启主机电源,等待仪器稳定。

2. 样品制备

(1) 在玛瑙研钵中,将样品晶体磨至 200～325 目。

(2) 将样品框置于表面平滑的玻璃板上,把样品均匀地洒入框内,略高于样品框板面。

(3) 用不锈钢刮片压紧样品,使样品足够紧密且表面光滑平整,附着在框内不至于脱落。

(4) 将装好样品的样品框插在测角仪中心的底座上,关好 X 射线衍射仪的铅玻璃防护窗。

3. 扫描记录

打开冷却水,使水压高于 4.0MPa,然后开启 X 射线衍射仪总电源,将管压调为 40kV,管流调为 40mA(Cu 靶)。仪器准备好后,应用相关软件控制,调节好各项参数,并开始 X 射线衍射扫描，记录分析实验结果，对所得图谱进行处理保存。

4. 关闭仪器

按开启时的反程序复原，然后切断总电源，1min 后关闭冷却水。

三、实例分析

Li 等制备了不同 $g-C_3N_4$ 含量的 $g-C_3N_4/SmVO_4$ 催化剂，其晶相结构通过 X 射线粉末衍射仪进行检测，结果如图 3.2.1 所示。纯相 $g-C_3N_4$ 在 27.4° 和 13.1°出现了特征衍射峰（PDF＃87－1526）。纯相 $SmVO_4$ 呈四方晶相，在 18.5°、24.5°、33.1° 和 48.8°出现明显的特征衍射峰（PDF＃17－0876）。对于 $g-C_3N_4/SmVO_4$ 催化剂，在 $g-C_3N_4$ 含量低于 50％时，看不出 $g-C_3N_4$ 的特征衍射峰；在 $g-C_3N_4$ 含量高于 50％时，在 27.4°处出现了 $g-C_3N_4$ 的特征衍射峰，并且随着 $g-C_3N_4$ 含量的增加，其特征衍射峰的强度逐渐增加。

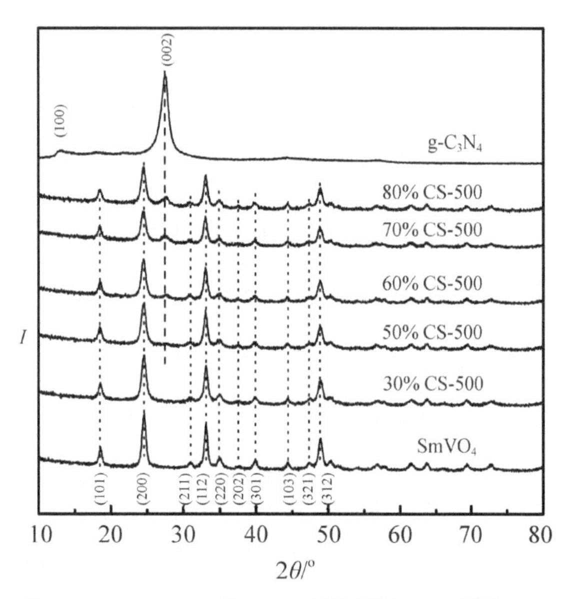

图 3.2.1　$g-C_3N_4/SmVO_4$ 催化剂的 XRD 图谱

3.3　X 射线光电子能谱技术

X 射线光电子能谱（又称 XPS）是以一定能量的 X 射线作为激发源，把它照射在物质或固体表面，激发出光电子，利用电子能量分析器将光电子按不同的能量分布进行检测，获取 $N(E)-E$ 的电子能谱图谱，求取电子的束缚能、物质内部原子的结合状态和电荷分布等电子信息。

一、X 射线光电子能谱的原理

X 射线光电子能谱的基本原理是光电效应。从光源发出的能量为 $h\nu$ 的 X 光子作用在样品上，与表层原子相互作用，光子将全部能量传递给原子核外某壳层上的一个电子，电子克服其结合能 E_b，而以一定的动能 E_k 从表面释放，该过程可用能量关系表示：

$$h\nu = E_b + E_k + E_r \tag{3.3.1}$$

式中：E_b 为电子结合能；

E_k 为电子动能；

E_r 为原子的反冲能量。

若忽略 E_r（<0.1eV），则式（3.3.1）可以写成：

$$h\nu = E_b + E_k \tag{3.3.2}$$

对于孤立原子或分子，E_b 就是把电子从所在轨道移到真空中所需的能量，是以真空能级为能量零点；而对于固体样品，必须考虑晶体势场和表面势场对光电子的束缚作用，通常选取费米能级为 E_b 的参考点。因此，式(3.3.2)应为：

$$h\nu = E_b + E_k + \varphi \tag{3.3.3}$$

式中：φ 为功函数。

另外，固体样品与光电子能谱仪间存在接触电势，所以在实际测试中，涉及光电子能谱仪材料的功函数 φ_{sp}。实际测量到的电子动能为：

$$E_k' = E_k - (\varphi_{sp} - \varphi) = h\nu - E_b - \varphi_{sp}$$

$$E_b = h\nu - E_k' - \varphi_{sp} \tag{3.3.4}$$

式中：φ_{sp} 为仪器功函数，只要光电子能谱仪材料的表面状态没有多大变化，则 φ_{sp} 是个常数。它可用已知结合能的标样测定并校准。

二、X 射线光电子能谱的应用

X 射线光电子能谱是重要的表面分析技术之一。它不仅能探测表面的化学组成，而且可以确定各元素的化学状态，因此，在化学、材料科学及表面科学中得以广泛地应用。其中在催化领域中，利用 XPS 技术可以进行催化剂各组分的剖析，可以研究活性相的组成与性能的关系，可以进行对反应机理、催化剂的组成-结构-活性之间的关联等等。

三、实例分析

Chen 等制备了 Ir/TiO_2 催化剂，用于巴豆醛的选择性加氢。图 3.3.1 是经不同温度还原的 Ir/TiO_2 催化剂 Ir 4f 的原位 XPS 图谱。由图可以看出，在 55～70eV，包含 Ir 4f 轨道和 Ti 3s 轨道，因此，该图谱有些复杂。Ir 4f 可分别归属为两种物质：一个归属为金属态 Ir^0 (60.7～61.0eV)；另一个归属为高价 $Ir^{\delta+}$ (62.3～62.7eV)。表 3.3.1 是 Ir/TiO_2 催化剂的 XPS 分析结果，详细列出了还原后的催化剂中 Ti $2p_{3/2}$ 和 Ir $4f_{7/2}$ 的结合能，以及通过 XPS 测得的 Ir^0 与 $Ir^{\delta+}$ 含量。从表 3.3.1 可以看出，随着还原温度的增加，Ir^0 和 $Ir^{\delta+}$ 的结合能均向低结合能偏移。将这个现象归因于随着还原温度的增加，生成的 Ir^0 含量逐渐增加，使得 Ir 金属上的电子云密度增加。由此得出随着还原温度的增加，$Ir^0/Ir^{\delta+}$ 逐渐增加。

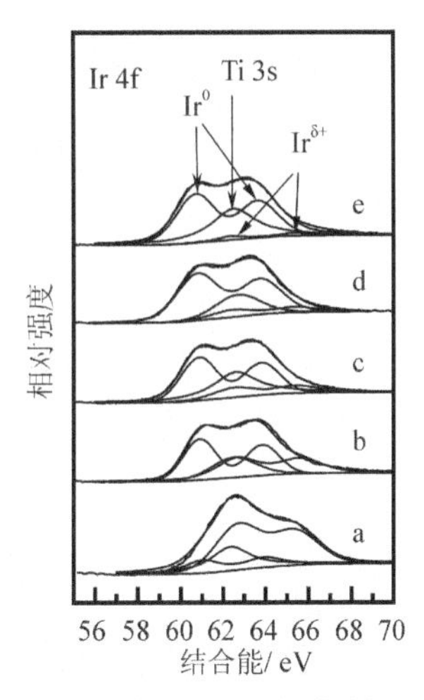

图 3.3.1　经不同温度还原的 Ir/TiO_2 催化剂 Ir 4f 的原位 XPS 图谱

a. Ir/TiO_2 - 100；b. Ir/TiO_2 - 200；c. Ir/TiO_2 - 300；d. Ir/TiO_2 - 400；e. Ir/TiO_2 - 500

表 3.3.1　经不同温度还原的 Ir/TiO_2 催化剂的 XPS 分析结果

催化剂	Ti $2p_{3/2}$	Ir $4f_{7/2}$	相对含量/%
		$Ir^0(Ir^{\delta+})$	$Ir^0(Ir^{\delta+})$
Ir/TiO_2-100	458.4eV	61.0(62.7)eV	23.7(76.3)
Ir/TiO_2-200	458.6eV	60.9(62.6)eV	55.4(44.6)
Ir/TiO_2-300	458.5eV	60.8(62.5)eV	77.2(22.8)
Ir/TiO_2-400	458.6eV	60.7(62.4)eV	86.9(13.1)
Ir/TiO_2-500	458.5eV	60.7(62.3)eV	93.8(6.2)

3.4　红外光谱技术

红外光谱技术是鉴别物质和分析物质结构的有效手段。对于单一组分或混合物中各组分，尤其是一些较难分离并在紫外光、可见光区找不到明显特征峰的样品，可以用此法方便、迅速地完成定性和半定量分析。

一、红外光谱的原理

红外光谱(IR)是由于分子振动能级的跃迁而产生的。分子振动能级的跃迁只有在吸收外界红外光的能量之后才能实现，即只有将外界红外光的能量转移到分子中去才能实现振动能级的跃迁，而这种能量的转移是通过偶极矩的变化来实现的。将有偶极矩变化的振动基团视为一个偶极子，由于偶极子具有一定的原有振动，因此，只有当红外光辐射频率与偶极子的振动相匹配时，分子才与辐射发生相互作用而增加它的振动能，使振动加剧，即分子由原来的基态跃迁到较高的振动能级。当一定频率的红外光照射分子时，如果分子中某个基团的振动频率和红外光的频率一样，两者就会产生共振，此时光的能量通过分子偶极矩的变化而传递给分子，这个基团就吸收一定频率的红外光，从而产生振动跃迁；如果红外光的振动频率和分子中各基团的振动频率不符合，该部分的红外光就不会被吸收。因此，若用连续波长或频率的红外光照射某试样，由于该试样对不同频率的红外光的吸收不同，使通过试样后的红外光在一些波长范围内变弱，在另一些范围内则较强。将分子吸收红外光的情况用仪器记录就得到该试样的红外光谱。

二、红外光谱的应用

红外光谱在化学领域中的应用是多方面的，因为其简便、迅速、可靠，样品用量少，对样品也无特殊要求，无论气体、固体和液体均可以进行检测。因此，它不但用于分子结构的定性分析，如确定分子的官能团及分子内、分子间的相互作用等，而且广泛地用于化合物的半定量分析和化学反应机理研究等。

三、红外光谱的操作

本实验室采用的是 Nicolet NEXUS 670 型傅里叶变换红外光谱仪(FT－IR)。其操作步骤如下：

1. 开机

先打开稳压电源，当稳压器输出功率稳定于 220V 时，再打开光谱仪电源开关和电脑，调出 OMNIC 软件，待光谱仪稳定后制样并进行测定。

2. 制样

固体样品：取一定量溴化钾于研钵中，在红外光灯下研磨，直到溴化钾颗粒成粉末状时，加入一定量的样品，一般样品与溴化钾的体积比为 1∶20～1∶200，待样品充分研细并与溴化钾完全混合后，通过模具进行压片，压出的片要光能透过。

液体样品：在红外光灯照射下，将溴化钾窗片抛光，然后用滴管取少量液体样品滴于一片溴化钾窗片上，再盖上另外一片，在两片溴化钾窗片之间形成液膜。

3. 测量

先点击 OMNIC 软件的“collect sample”，待光谱仪自动扫描完背景，并提示“放入样品”后，打开样品舱的顶门，将压好的片放于样品支架上，盖上顶门，点击“OK”，光谱仪自动扫描得出样品的原始红外光谱图谱。

4. 图谱处理

点击“Automatic Baseline Correct”，自动校正基线，点击“T”按钮，把图谱转化成透视模式，然后点击“Find Peak”，找出谱峰，再保存图谱，最后将数据导出为 Excel 格式。

5. 关机

退出软件程序，然后按开机的反序进行关机。

四、实例分析

图 3.4.1 为液体甲醇的红外光谱图谱，峰 $3335cm^{-1}$ 归属为 O—H 的伸缩振动峰，峰 $2831cm^{-1}$ 和 $2945cm^{-1}$ 分别归属为 C—H 的对称伸缩振动和不对称伸缩振动峰，峰 $1032cm^{-1}$ 归属为 C—O 的伸缩振动峰。

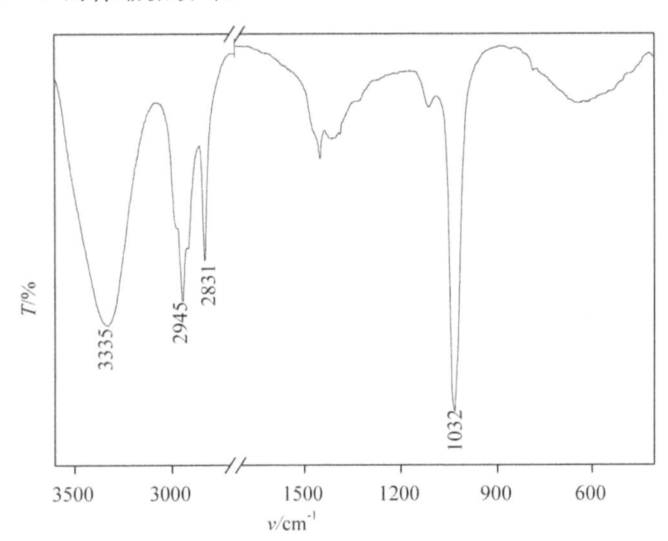

图 3.4.1　液体甲醇的红外光谱图谱

3.5　同步热分析技术

同步热分析(TG-DTA)是将热重分析(TG)与差热分析(DTA)结合为一体,在同一次测量中利用同一样品可同步得到热重与差热信息。

一、同步热分析的原理

热重分析(TG)法是在程序控制温度下连续测定样品质量随温度(或时间)变化的一种方法。许多物质在加热过程中常伴随质量的变化,这种变化过程有助于研究晶体性质的变化,如熔化、蒸发、升华和吸附等物理现象,以及物质的脱水、解离、氧化、还原等化学现象。

进行热重分析的基本仪器为热天平。热天平一般包括天平、电炉、程序控温系统、记录系统等几个部分。通常热重分析法分为两大类:静态法和动态法。静态法又可分为等压质量变化法和等温质量变化法两种。等压质量变化法是测定物质在恒定分压下的质量变化与温度的函数变化,然后以质量变化为纵坐标,温度为横坐标作图,从而进行分析。等温质量变化法是测定物质在恒温下的质量变化与时间的函数关系,然后以质量变化为纵坐标,时间为横坐标作图,从而进行分析。动态法是在程序升温的情况下,测定物质的变化对时间的函数关系。以质量的变化数值对时间或温度作图,得热重曲线。

物质在物理变化和化学变化过程中往往伴随着热效应,放热或吸热现象反映出物质热焓发生了变化。差热分析(DTA)法就是利用这一特点,通过测定样品和参比物之间温差对温度或时间的函数关系来鉴别物质。将样品和参比物分别放入坩埚,置于电炉中按程序设计升温,改变样品和参比物的温度。若参比物和样品的热容相同,样品无热效应,两者的温差近似为零,此时得到一条平滑的基线。随着温度的增加,如样品发生了化学或物理变化,便产生了热效应,而参比物未产生热效应,两者之间便产生了温差,在差热曲线中表现为峰,温差越大,峰也越大,而温差变化的次数与峰的数目相同。正负热效应的出峰方向相反,一旦确定了电炉中样品和参比物的位置,放热峰及吸热峰的方向也就确定了。

二、同步热分析的应用

同步热分析用于测定物质在加热过程中发生的各种反应(熔融、汽化、升华、吸收、脱附、物理吸附、化学吸附、析出、脱水、分解、氧化、还原等)的温度、热效应(热焓)和质量变化,以及测定不同物质间的热反应的相关信息,借此判定物质的组成及反应机理。

三、同步热分析的操作

本实验室采用的是 NETZSCH STA 449C 型同步热分析仪。其操作步骤如下:

1. 将样品(粉末样品需要先压片)装入清洁的空坩埚,在电子天平上称重(样品质量一般小于 20mg)。

2. 将装好样的坩埚放入支架中,关好仪器直到机身上的绿灯亮。

3. 进入电脑操作系统。打开电脑，双击“STA 449C”图标，即可进入测试界面。在弹出的窗口中填好测试类型、实验室项目、样品质量、样品编号、吹扫气、保护气、气体流速等。

4. 按“下一步”按钮，设置好起始温度、终止温度、升温速率、初始化工作条件，如果此时设定温度与实际温度相差不大，可按“开始”键运行程序。

5. 程序自动结束时，点击“确定”即可。

6. 导出数据，作图分析。

四、实例分析

Li 等以 Bi_2O_3 和 $Sr(NO_3)_2$ 为前躯体，制备了 $Sr_{0.25}Bi_{0.75}O_{1.36}$ 催化剂，为了观察前躯体的分解和铋酸锶的形成过程，对催化剂前躯体做了 TG－DTA 表征。结果如图 3.5.1 所示。在初始阶段，样品有轻微的失重，归因于样品中吸收和吸附的水分的蒸发；400～650℃处有一个明显的失重峰并伴随有吸热峰，归属为 $Sr(NO_3)_2$ 的分解和 SrBiO 化合物的形成；700℃以后样品质量趋于稳定但仍伴有吸热过程，可能是因为在此过程中 $Sr_{0.25}Bi_{0.75}O_{1.36}$ 逐渐形成。

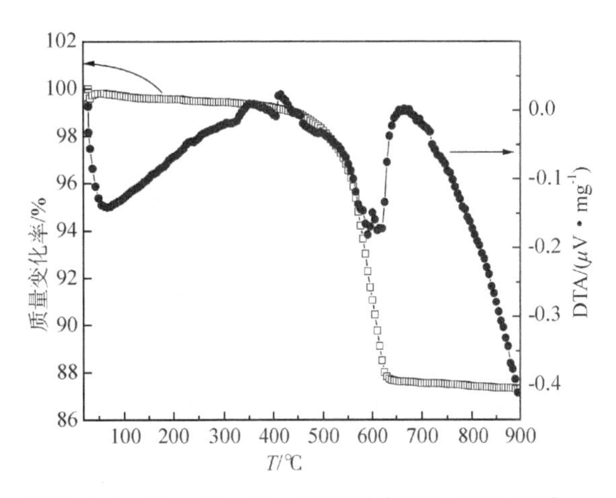

图 3.5.1　$Sr_{0.25}Bi_{0.75}O_{1.36}$ 催化剂的 TG－DTA 图谱

3.6　核磁共振技术

核磁共振是指磁矩不为零的原子或原子核在恒稳磁场的作用下对电磁辐射能的共振吸收现象。核磁共振技术作为分析物质的手段，由于具有可深入物质内部而不破坏样品、迅速、准确、分辨率高等优点而得以迅速发展和广泛应用，已经从物理学渗透到化学、生物学、地质学、医学以及材料学等学科，在科研和生产中发挥了巨大作用。

一、核磁共振的原理

质子数和(或)中子数为奇数的原子核有核自旋。具有核自旋的原子核，其核磁矩在恒定的外磁场中，能取各种量子化的方位。若在垂直于恒定磁场的方向，加一交变磁场，在适当的条件下，能改变磁矩的方位，使磁矩体系选择性地吸收特定频率的交变磁场能量，呈共振现象。

二、核磁共振的条件

核磁共振就是处在某个静磁场中的物质的原子核系统受到相应频率的电磁波作用时，

在它们的磁能级之间发生的共振跃迁现象。

核磁共振条件公式为：

$$2\pi f=\omega=\omega_0=rB_0$$

式中：f 是电磁波的频率；

ω_0 是核磁矩的进动角频率，是核的磁旋比；

B_0 是磁场强度。

这就指明了什么物质在多强的磁场中受到什么频率的电磁波作用时会发生共振。

实现核磁共振有两种方法。扫场法：改变 B_0；扫频法：改变 ω。

核磁共振常用于化合物氢谱或碳谱的测定。图 3.6.1 为核磁共振构造示意图。

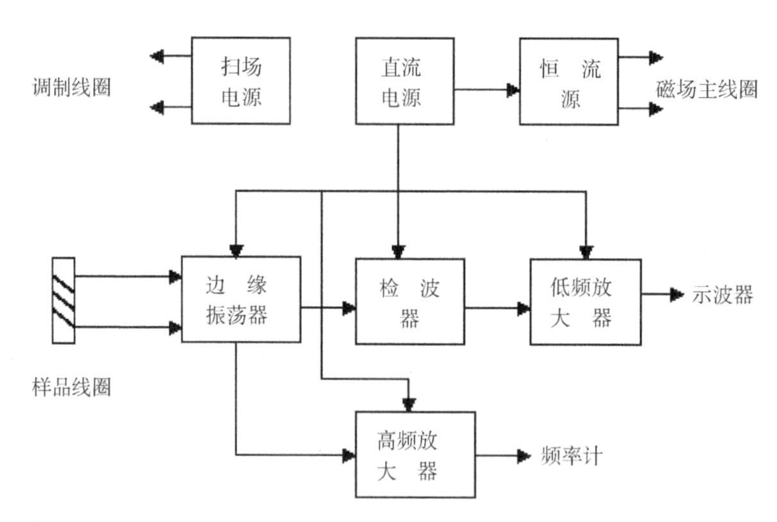

图 3.6.1 核磁共振构造示意图

三、核磁共振的操作

本实验室采用的是 Bruker AV400 型核磁共振谱仪。其操作步骤如下：

1. 样品配制

按要求将样品溶解在 0.5mL 左右的氘代溶剂中。

2. 进样

先开空气压缩机，等气压上来后，按小键盘上的“Lift on/off”键，等听到气流后，把插有转子并量好高度的样品管小心插入磁体中，再按“Lift on/off”键，放入样品。

3. 设置样品号

键入“edc”设定样品编号及测定时间，点击“save”。

4. 锁场

在 XwinNMR 界面中键入“lock”命令，选择相应的溶剂锁场。

5. 匀场

在 XwinNMR 界面下，调出“bsms”和“look”界面，点击“shim”，调节 Z、Z2 等，使匀场参

数最佳。

6. 采样

键入“rga”，等完成后，键入“zg”进行采样。

7. 拷贝数据及处理

数据处理：傅里叶变换方法。采样结束后，用“ft”进行傅里叶变换，然后键入“apks”进行相位校正、积分、打印等。

四、实例分析

如图 3.6.2 所示，化学位移 $\delta=1.29$ppm 处为甲基的特征峰；$\delta=3.12$ppm 处是苄基上的氢的特征峰；$\delta\approx7$ppm 处是苯环上的氢的特征峰。

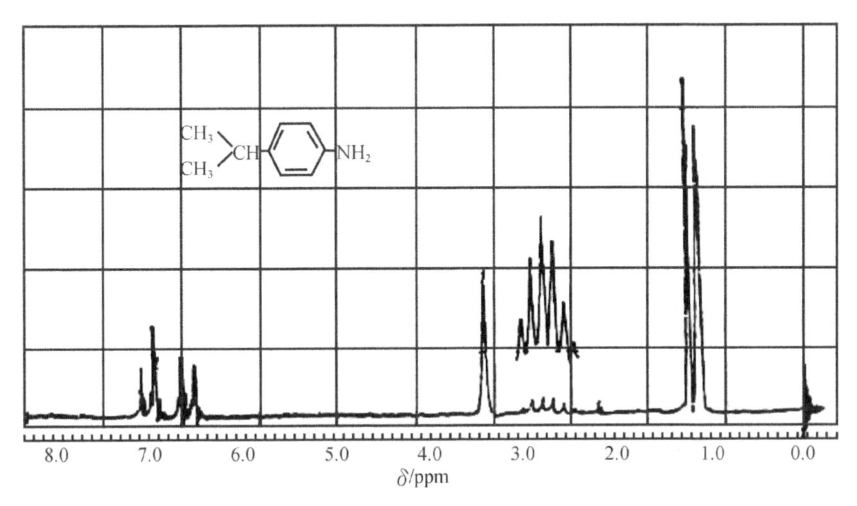

图 3.6.2　芳香族伯胺的核磁共振氢谱

3.7　扫描电子显微镜

扫描电子显微镜简称为扫描电镜，英文缩写为 SEM(scanning electron microscope)，是应用最为广泛的微观形貌观察工具。

一、扫描电子显微镜的原理

扫描电子显微镜是利用聚得很细的电子束照射被检测的试样表面，通过电子束与试样的相互作用产生各种电子或 X 射线、光子等信息，然后将这些信息通过不同的方式进行收集与处理，显示出试样的各种特性(形貌、微结构、成分等)。

如图 3.7.1 所示，扫描电子显微镜的电子枪发射的电子束经过栅极静电聚焦后成为点光源，再经二级聚光镜及物镜的缩小，形成具有一定能量、一定束流强度和束斑直径的微细电子束聚焦到试样(块状或粉末颗粒)表面。在二级聚光镜上有扫描线圈，在它的作用下，电子束在试样表面扫描。聚焦电子束与试样物质相互作用,产生各种信号,如二次电子、背散射电子、吸收电子、俄歇电子、X射线、透射电子等,这些信号被相应的检测器接收,经过放大器放大后送到显像管的栅极上,调制显像管的亮度,由于扫描线圈的电流与显像管的相应偏转电流同步,因此,试样表面任一点的发射信号与显像管荧光屏上的亮度一一对应。试样表面由于形貌不同,对应于许多不同的单元,它们在受电子束轰击后,能发出为数不等的二次电子、散射电子等信号,通过一次性从各单元检出信号,再一一送出去,得到的信息就可以合成出放大了的表面形貌图像。

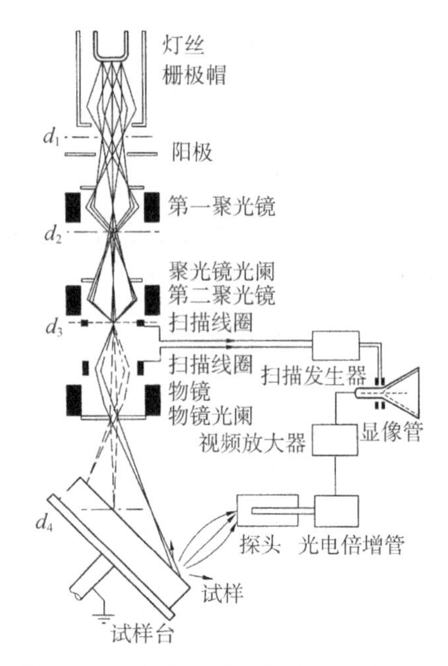

图 3.7.1 扫描电子显微镜工作原理

二、扫描电子显微镜的应用

扫描电子显微镜可以直接观察物体的表面,因此,通过表面形貌分析可以对物质表面的晶粒形状、大小等进行研究。在催化领域中,它还可以用来研究催化剂表面结构、催化剂的制备方法对催化剂活性的影响。

三、扫描电子显微镜的操作

本实验室使用的扫描电子显微镜是 S-4800 型高分辨场发射扫描电镜,是日本日立公司于 2002 年推出的产品。其操作方法如下:

1. 装样

将样品用导电胶带或银胶粘在样品托上,把样品托装入样品座并调节样品表面与标尺在同一高度,旋紧,确认样品台各驱动杆都处于样品交换位置后,按下样品交换室上方的"AIR"按钮。完全破真空后打开交换室,将样品座装到交换杆上,旋转交换杆将样品座锁紧,关闭交换室,按"EVAC"按钮,此按钮闪烁。待此按钮常亮,按"OPEN"铵钮,样品仓门打开。插入交换杆并打开交换杆锁,再抽出交换杆,按"CLOSE"铵钮即可。

2. 拍图操作

点击电脑软件中"ON"按钮,点击操作面板中"Magnification"按钮可放大缩小倍率,点击"Focus"按钮可将图像调节清楚,用鼠标选择观察区域,点击"CAPTURE"按钮拍照,保存图片。观察结束后,点击"OFF"按钮。将放大倍率还原为最低,各样品台驱动杆回到初始位置,依照样品装入方式的反序取出样品。

四、实例分析

Wang 等制备了 $CaBi_6O_{10}$ 催化剂,通过 SEM 观察了 $CaBi_6O_{10}$ 催化剂的结构形貌特征,表征结果如图 3.7.2 所示。a 图中,$CaBi_6O_{10}$ 样品由很多花状球体组成,直径为 2~4μm;b

图为 $CaBi_6O_{10}$ 样品的放大图，可以看出这种花状结构由很多二维的纳米片组成，这些纳米片的厚度约为 40nm。

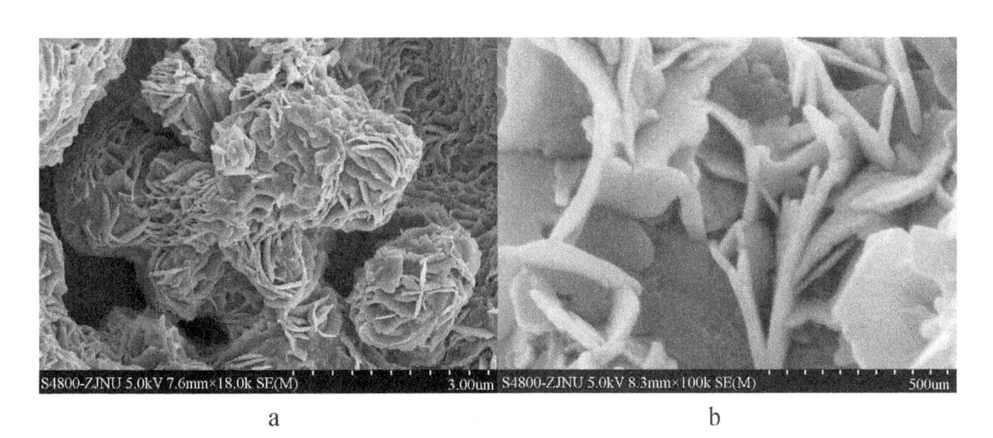

图 3.7.2　$CaBi_6O_{10}$ 催化剂的 SEM 图谱

3.8　Origin 基础知识

Origin 是美国 Microcal 公司出的数据分析和绘图软件。其主要特点为使用简单，采用直观的、图形化的、面向对象的窗口菜单和工具栏操作，全面支持鼠标右键，支持拖方式绘图等。Origin 的功能主要分为两大类：数据分析和绘图。数据分析包括数据的排序、调整、计算、统计、频谱变换、曲线拟合等各种完善的功能。准备好数据后，进行数据分析时，只需选择所要分析的数据，然后选择响应的菜单命令就可。Origin 的绘图是基于模板的，Origin 本身提供了几十种二维和三维绘图模板，而且允许用户自己定制模板。绘图时，只要选择所需要的模板就行。用户可以自定义数学函数、图形样式和绘图模板；可以和各种数据库软件、办公软件、图像处理软件等方便地连接；可以用 C 语言等高级语言编写数据分析程序，还可以用内置的 Lab Talk 语言编程等。

一、工作环境

1. 工作环境综述

Origin 的界面(图 3.8.1)为类似 Office 的多文档界面，主要包括以下几个部分：

(1) 菜单栏　一般可以实现大部分功能。

(2) 工具栏　一般最常用的功能都可以通过此实现。

(3) 绘图区　所有工作表、绘图子窗口等都在此。

(4) 项目管理器　类似资源管理器，可以方便切换各个窗口等。

(5) 状态栏　标出当前的工作内容以及鼠标指到某些菜单按钮时的说明。

Origin 的工作表、矩阵和绘图见图 3.8.2。

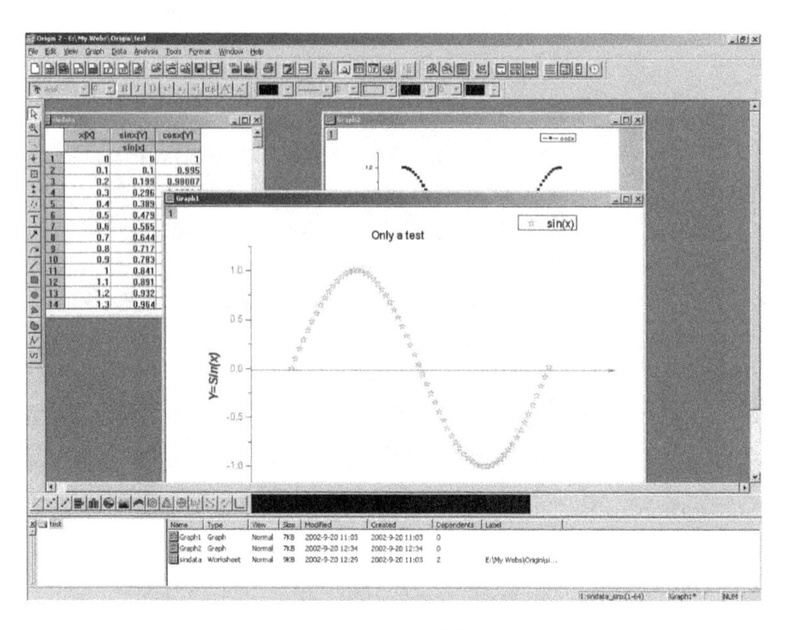

图 3.8.1 Origin 的界面

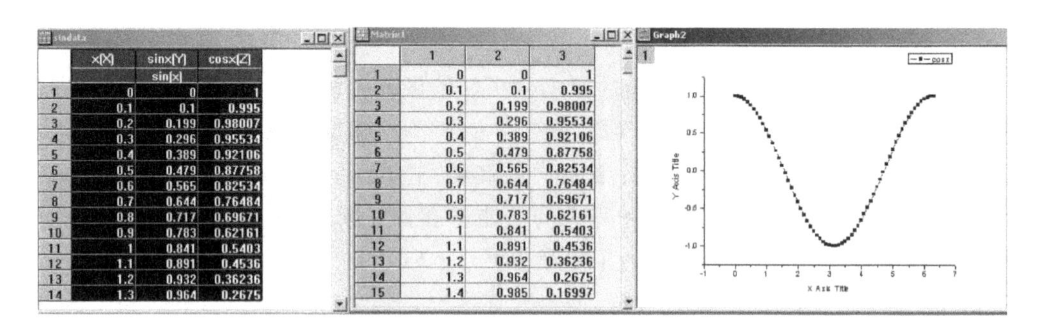

图 3.8.2 Origin 的工作表、矩阵和绘图

2. 菜单栏

菜单栏的结构取决于当前的活动窗口。

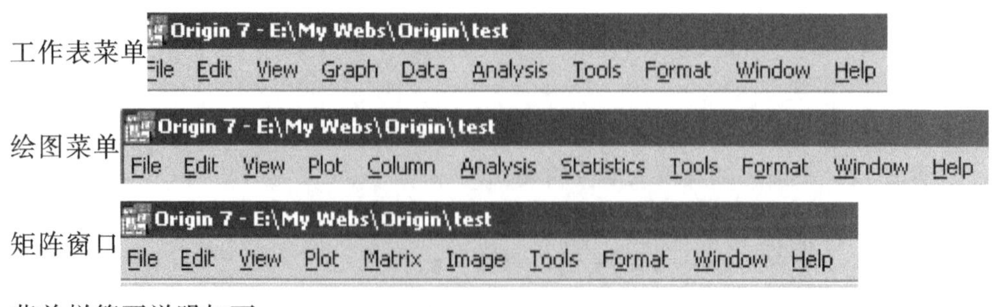

菜单栏简要说明如下：

File(文件功能操作) 打开文件、输入输出数据图形等。

Edit(编辑功能操作) 包括数据和图像的编辑等，比如复制、粘贴、清除等，特别注意 undo 功能。

View(视图功能操作)　控制屏幕显示。

Plot(绘图功能操作)　主要提供5类功能。① 几种样式的二维绘图功能,包括直线、描点、直线加符号、特殊线/符号、条形图、柱形图、特殊条形图/柱形图和饼图。② 三维绘图。③ 气泡/彩色映射图、统计图和图形版面布局。④ 特种绘图,包括面积图、极坐标图和矢量图。⑤ 模板,把选中的工作表数据加到绘图模板。

Column(列功能操作)　设置列的属性,比如增加、删除列等。

Graph(图形功能操作)　主要功能包括增加误差栏,函数图,缩放坐标轴,交换X、Y轴等。

Data(数据功能操作)　略。

Analysis(分析功能操作)

对工作表窗口:提取工作表数据、行列统计、排序、数字信号处理(快速傅里叶变换FFT、相关Corelate、卷积Convolute、解卷Deconvolute)、统计功能(T-检验)、方差分析(ANOAV)、多元回归(Multiple Regression)、非线性曲线拟合等。

对绘图窗口:数学运算,平滑滤波,图形变换,FFT,线性多项式、非线性曲线等各种拟合方法。

Plot3D(三维绘图功能操作)　根据矩阵绘制各种三维条状图、表面图、等高线等。

Matrix(矩阵功能操作)　对矩阵的操作,包括矩阵属性、维数和数值设置,矩阵转置和取反,矩阵扩展和收缩,矩阵平滑和积分等。

Tools(工具功能操作)

对工作表窗口:选项控制,工作表脚本,线性多项式、S曲线拟合。

对绘图窗口:选项控制,层控制,提取峰值、基线和平滑线,线性多项式、S曲线拟合。

Format(格式功能操作)

对工作表窗口:菜单格式控制、工作表显示控制、栅格捕捉、调色板等。

对绘图窗口:菜单格式控制,图形页面、图层和线条样式控制,栅格捕捉,坐标轴样式控制,调色板等。

Window(窗口功能操作)　控制窗口显示。

Help(帮助)。

二、基本操作

新建项目:File→New。

保存项目的缺省后缀为:OPJ。

自动备份功能:Tools→Option→Open/Close 选项卡→Backup Project Before Saving。

添加项目:File→Append。

刷新子窗口:如果修改了工作表或者绘图子窗口的内容,一般会自动刷新,如果没有请按 Window→Refresh 操作。

三、简单二维图

1. 输入数据

一般来说，数据为 dat、csv 或 txt 格式，按照 X、Y 坐标存为两列，假设文件名为“sindata. dat”，格式如下：

x[X]	sin x[Y]
0.0	0.000
0.1	0.100
0.2	0.199
0.3	0.296
……	……

欲输入数据，请对准 data1 表格后点右键，跳出如下窗口，然后选择“Import ASCII”，找到“sindata. dat”文件，打开就行。

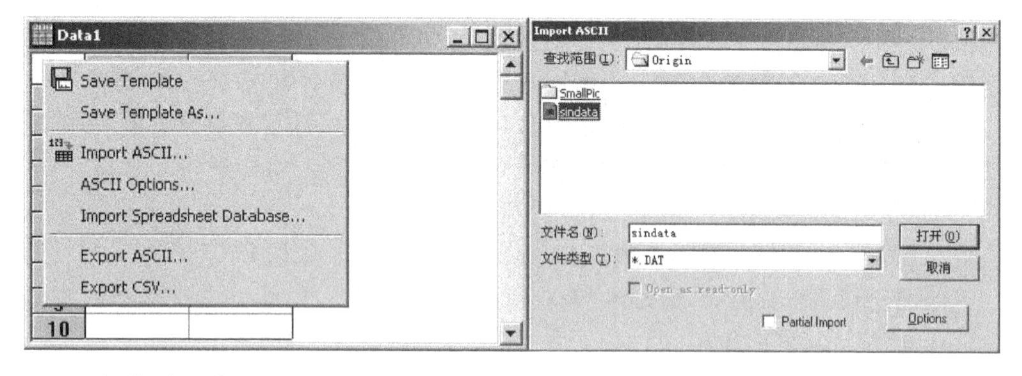

2. 绘制简单二维图

按住鼠标左键拖动选定这两列数据，用下图最下面一排按钮就可以绘制简单的图形，按从左到右三个按钮做出的效果分别如下所示：

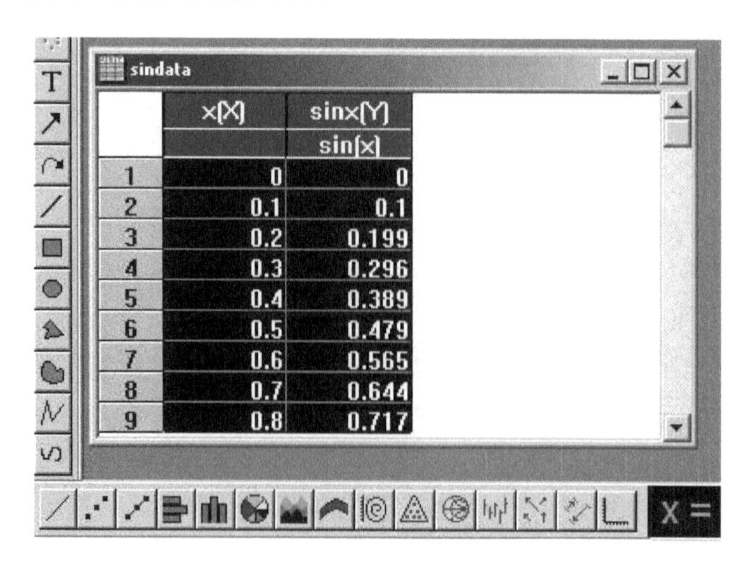

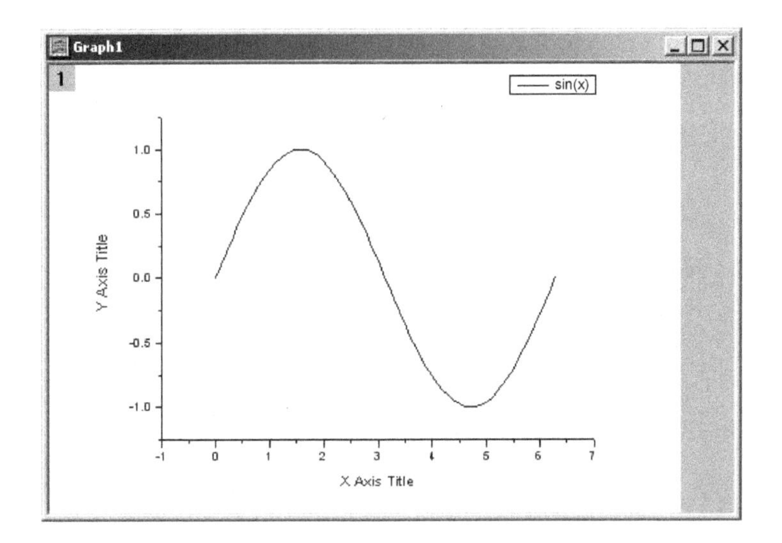
Graph1
1
sin(x)
1.0
0.5
0.0
-0.5
-1.0
Y Axis Title
-1
0
1
2
3
4
5
6
7
X Axis Title

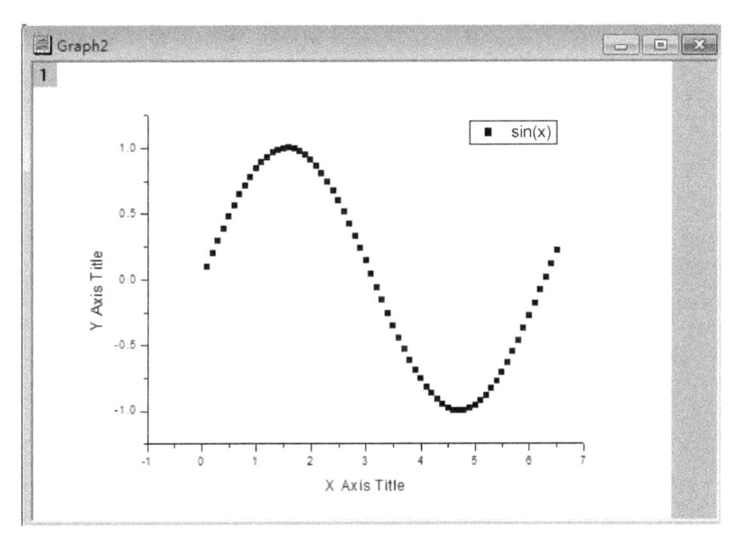
Graph2
1
sin(x)
1.0
0.5
0.0
-0.5
-1.0
Y Axis Title
-1
0
1
2
3
4
5
6
7
X Axis Title

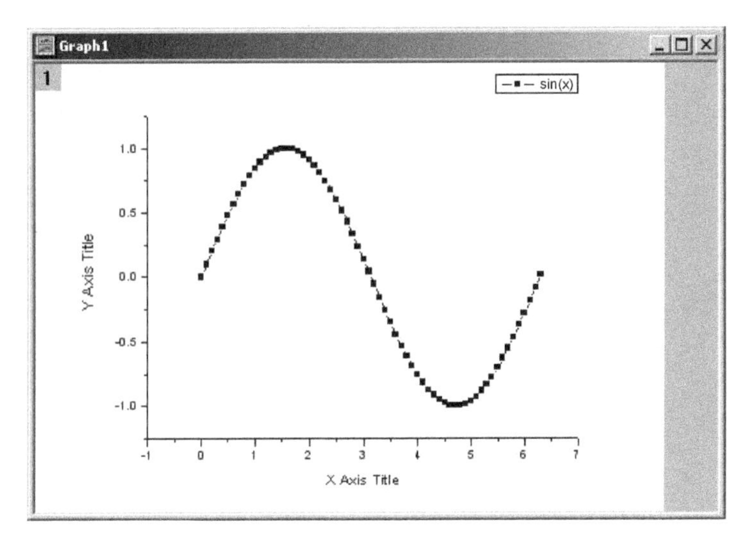
Graph1
1
sin(x)
1.0
0.5
0.0
-0.5
-1.0
Y Axis Title
-1
0
1
2
3
4
5
6
7
X Axis Title

3. 定制坐标轴

双击坐标轴得到下图,然后根据需要设定 X 轴或 Y 轴的范围和步长。

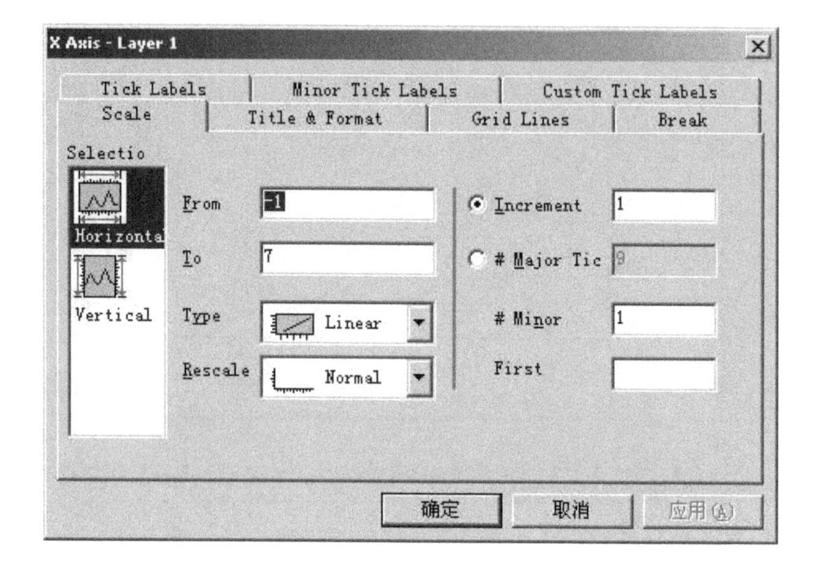

附　录

1　国际单位制(SI)

附表 1　国际单位制(SI)基本量*

基本量	基本单位	
	名称	符号
长度(length)	米(meter)	m
质量(mass)	千克(kilogram)	kg
时间(time)	秒(second)	s
电流(electric current)	安培(ampere)	A
热力学温度(thermodynamic temperature)	开尔文(Kelvin)	K
物质的量(amount of substance)	摩尔(mole)	mol
发光强度(luminous intensity)	坎德拉(candela)	cd

* 引自 D. R. Lide. *CRC handbook of chemistry and physics*[M]. 85th ed. Florida: CRC Press, 2004—2005.

附表 2　具有特殊名称和符号的国际单位制(SI)衍生量*

量的名称	单位名称	单位符号	SI 单位	SI 基本单位
平面角	弧度(radian)	rad		$m \cdot m^{-1}=1$
固体角	球面度(steradian)	sr		$m^2 \cdot m^{-2}=1$
频率	赫兹(hertz)	Hz		s^{-1}
力	牛顿(newton)	N		$m \cdot kg \cdot s^{-2}$
压强	帕斯卡(pascal)	Pa	$N \cdot m^{-2}$	$m^{-1} \cdot kg \cdot s^{-2}$
能量,功,热量	焦耳(joule)	J	$N \cdot m$	$m^2 \cdot kg \cdot s^{-2}$
功率,辐射通量	瓦特(watt)	W	$J \cdot s^{-1}$	$m^2 \cdot kg \cdot s^{-3}$
电荷	库仑(coulomb)	C		$s \cdot A$
电压,电动势	伏特(volt)	V	$W \cdot A^{-1}$	$m^2 \cdot kg \cdot s^{-3} \cdot A^{-1}$
电容	法拉(farad)	F	$C \cdot V^{-1}$	$m^{-2} \cdot kg^{-1} \cdot s^4 \cdot A^2$

续表

量的名称	单位名称	单位符号	SI 单位	SI 基本单位
电阻	欧姆(ohm)	Ω	$V \cdot A^{-1}$	$m^2 \cdot kg \cdot s^{-3} \cdot A^{-2}$
电导	西门子(siemens)	S	$A \cdot V^{-1}$	$m^{-2} \cdot kg^{-1} \cdot s^3 \cdot A^2$
磁通量	韦伯(weber)	Wb	$V \cdot s$	$m^2 \cdot kg \cdot s^{-2} \cdot A^{-1}$
磁通量密度,磁感应强度	特斯拉(tesla)	T	$Wb \cdot m^{-2}$	$kg \cdot s^{-2} \cdot A^{-1}$
电感	亨利(henry)	H	$Wb \cdot A^{-1}$	$m^2 \cdot kg \cdot s^{-2} \cdot A^{-2}$
摄氏温度	摄氏度(degree Celsius)	℃		K
光通量	流明(lumen)	lm	$cd \cdot sr$	$cd \cdot sr$
光照度	勒克斯(lux)	lx	$lm \cdot m^{-2}$	$m^{-2} \cdot cd \cdot sr$

* 引自 D. R. Lide. *CRC handbook of chemistry and physics* [M]. 85th ed. Florida: CRC Press, 2004—2005.

2　物理化学实验常用数据表

附表 3　基本物理常数表*

常数	符号	数值	单位
真空中的光速	c_0	$2.99792458(12) \times 10^8$	$m \cdot s^{-1}$
真空磁导率	μ_0	$4\pi \times 10^{-7}$	$H \cdot m^{-1}$
真空电容率	ε_0	$8.85418782(7) \times 10^{-12}$	$F \cdot m^{-1}$
基本电荷	e	$1.60217733(49) \times 10^{-19}$	C
普郎克常数	H	$6.6260755(40) \times 10^{-34}$	$J \cdot s^{-1}$
阿伏伽德罗常数	N_A	$6.0221367(36) \times 10^{23}$	mol^{-1}
原子质量单位	u	$1.6605402(10) \times 10^{-27}$	kg
质子的静止质量	m_p	$1.6726231(10) \times 10^{-27}$	kg
中子的静止质量	m_n	$1.6749286(10) \times 10^{-27}$	kg
电子的静止质量	m_e	$9.1093897(54) \times 10^{-31}$	kg
法拉第常数	F	$9.6485309(29) \times 10^4$	$C \cdot mol$
里德堡常数	R_∞	$1.0973731534(13) \times 10^7$	m^{-1}
波尔半径	a_0	$5.29177249(24) \times 10^{-11}$	m

续表

常数	符号	数值	单位
波尔磁子	μ_B	$9.2740154(31)\times10^{-24}$	$J\cdot T^{-1}$
核磁子	μ_N	$5.0507866(17)\times10^{-27}$	$J\cdot T^{-1}$
摩尔气体常数	R	8.314510(70)	$J\cdot K^{-1}\cdot mol^{-1}$
波尔兹曼常数	k	$1.380658(12)\times10^{-23}$	$J\cdot K^{-1}$
万有引力常数	g	$6.67259(85)\times10^{-11}$	$m^3\cdot kg^{-1}\cdot s^{-2}$

* 引自 D. R. Lide. *CRC handbook of chemistry and physics* [M]. 85th ed. Florida: CRC Press, 2004—2005.

附表 4 不同压强单位间的转换*

	Pa	bar	atm	Torr	μmHg
Pa	1	0.00001	9.8692×10^{-6}	0.0075006	7.5006
bar	100000	1	0.98692	750.06	750060
atm	101325	1.01325	1	760	760000
Torr	133.322	0.00133322	0.00131579	1	1000

* 引自 D. R. Lide. *CRC handbook of chemistry and physics* [M]. 85th ed. Florida: CRC Press, 2004—2005.

附表 5 0～100℃水的几种性质*

温度/℃	密度 /$(g\cdot mL^{-1})$	质量热容 /$(J\cdot g^{-1}\cdot K^{-1})$	蒸气压/kPa	相对介电常数
0	0.99984	4.2176	0.6113	87.90
10	0.99970	4.1921	1.2281	83.96
20	0.99821	4.1818	2.3388	80.20
30	0.99565	4.1784	4.2455	76.60
40	0.99222	4.1785	7.3814	73.17
50	0.98803	4.1806	12.344	69.88
60	0.98320	4.1843	19.932	66.73
70	0.97778	4.1895	31.176	63.73
80	0.97182	4.1963	47.373	60.86
90	0.96535	4.2050	70.117	58.12
100	0.95840	4.2159	101.325	55.51

* 引自 D. R. Lide. *CRC handbook of chemistry and physics* [M]. 85th ed. Florida: CRC Press, 2004—2005.

除蒸气压外，其他性质的数据的压强条件均为 100kPa。

附表 6　不同温度下水的表面张力系数*

t/℃	$\gamma/(\times10^{-3}\,N\cdot m^{-1})$	t/℃	$\gamma/(\times10^{-3}\,N\cdot m^{-1})$
0	75.64	19	72.90
5	74.92	20	72.75
10	74.23	21	72.59
11	74.07	22	72.44
12	73.93	23	72.28
13	73.78	24	72.13
14	73.64	25	71.97
15	73.49	26	71.82
16	73.34	27	71.66
17	73.19	28	71.50
18	73.05	29	71.35

* 引自 D. R. Lide. *CRC handbook of chemistry and physics*[M]. 85th ed. Florida: CRC Press, 2004—2005.

J. A. Dean, et al. *Handbook* of *chemistry*[M]. 15th ed. New York: McGraw-Hill, 1999.

附表 7　一些电解质水溶液(25℃)的摩尔电导率*

$c/(mol\cdot L^{-1})$	$\Lambda_m/(S\cdot m^2\cdot mol^{-1})$				
	HCl	KCl	NaCl	NaAc	$AgNO_3$
0.1	391.13	128.90	106.69	72.26	109.09
0.05	398.89	133.30	111.01	76.88	115.18
0.02	407.04	138.27	115.70	81.20	121.35
0.01	411.80	141.20	118.45	83.72	124.70
0.005	415.59	143.48	120.59	85.68	127.14
0.001	421.15	146.88	123.68	88.50	130.45
0.0005	422.53	147.74	124.44	89.20	131.29
∞	425.95	149.79	126.39	91.00	133.29

* 引自 D. R. Lide. *CRC handbook of chemistry and physics*[M]. 85th ed. Florida: CRC Press, 2004—2005.

附表 8　一些溶剂的凝固点降低常数 $k_f(K\cdot kg\cdot mol^{-1})$*

化合物	k_f	化合物	k_f
乙酰胺	3.92	1,4-二氧六环	4.63
乙酸	3.63	二苯胺	8.38
苯乙酮	5.16	乙烯	3.11

续表

化合物	k_f	化合物	k_f
苯胺	5.23	甲酰胺	4.25
苯	5.07	甲酸	2.38
苯甲腈	5.35	丙三醇	3.56
苯酮	8.58	甲基环己烷	2.60
(+)-樟脑	37.80	萘	7.45
1-氯萘	7.68	硝基苯	6.87
邻甲酚	5.92	苯酚	6.84
间甲酚	7.76	吡啶	4.26
对甲酚	7.20	喹啉	6.73
环己烷	20.80	丁二腈	19.30
环己醇	42.20	1,1,2,2-四溴乙烷	21.40
顺式十氢化萘	6.42	1,1,2,2-四氯-1,2-二氟乙烷	41.01
反式十氢化萘	4.70	甲苯	3.55
苄醚	6.17	对甲苯胺	4.91
二氯苯	7.57	三溴甲烷	15.02
二乙醇胺	3.16	水	1.86
乙烷	3.85	对二甲苯	4.31

* 引自 D. R. Lide. *CRC handbook of chemistry and physics* [M]. 85th ed. Florida: CRC Press, 2004—2005.

附表 9　一些强电解质的平均活度系数(25℃)*

电解质浓度 /(mol·kg^{-1})	$Cu(NO_3)_2$	HCl	HNO_3	KCl	H_2SO_4
0.001	0.888	0.965	0.965	0.965	0.804
0.002	0.851	0.952	0.952	0.951	0.740
0.005	0.787	0.929	0.929	0.927	0.634
0.010	0.729	0.905	0.905	0.901	0.542
0.020	0.664	0.876	0.875	0.869	0.445

续表

电解质浓度 /(mol·kg^{-1})	$Cu(NO_3)_2$	HCl	HNO_3	KCl	H_2SO_4
0.050	0.577	0.832	0.829	0.816	0.325
0.100	0.516	0.797	0.792	0.768	0.251
0.200	0.466	0.768	0.756	0.717	0.195
0.500	0.431	0.759	0.725	0.649	0.146
1.000	0.456	0.811	0.730	0.604	0.125
2.000	0.615	1.009	0.788	0.573	0.119
5.000	2.083	2.380	1.063	0.593	0.197
10.000		10.400	1.644		0.527
15.000			2.212		1.077

* 引自 D. R. Lide. *CRC handbook of chemistry and physics*[M]. 85th ed. Florida: CRC Press, 2004—2005.

附表 10　不同温度下 KCl 溶液的电导率*

t/℃	κ/(×10^{2}S·m^{-1})		
	0.0100mol·L^{-1}	0.0200mol·L^{-1}	0.1000mol·l^{-1}
10	0.001020	0.001994	0.00933
12	0.001070	0.002093	0.00979
14	0.001121	0.002193	0.01025
16	0.001173	0.002294	0.01072
18	0.001225	0.002397	0.01119
20	0.001278	0.002501	0.01167
22	0.001332	0.002606	0.01215
24	0.001386	0.002712	0.01264
26	0.001441	0.002819	0.01313
28	0.001496	0.002927	0.01362
30	0.001552	0.003036	0.01412
32	0.001609	0.003146	0.01462
34	0.001667	0.003256	0.01513

* 引自北京大学化学学院物理化学实验教学组. 物理化学实验[M]. 4 版. 北京：北京大学出版社，2003.

参考文献

[1] 李敏娇,司玉军. 简明物理化学[M]. 重庆：重庆大学出版社,2009.

[2] 郑贵富,曾小剑. 物理化学实验[M]. 合肥：合肥工业大学出版社,2010.

[3] 傅献彩,沈文霞,姚天扬. 物理化学[M].5 版. 北京：高等教育出版社,2005.

[4] 金丽萍,邬时清,陈大勇.物理化学实验[M].上海：华东理工大学出版社,2005.

[5] 孙尔康,高卫,徐维清,易敏.物理化学实验[M].南京：南京大学出版社,2010.

[6] G. Nicolls, I. Prigogine. *Self-organization in none-quilibrium systems*[M]. New York：Wiley-interscience,1977.

[7] 宿辉,白青子.物理化学实验[M]. 北京：北京大学出版社,2011.

[8] 王月娟,赵雷洪.物理化学实验[M].杭州：浙江大学出版社,2008.

[9] 韩国彬.物理化学实验[M].厦门：厦门大学出版社,2010.

[10] 蔡显鄂,项一非,刘衍光.物理化学实验[M].北京：高等教育出版社,1991.

[11] Y. J. Wang, Y. M. He, T. T. Li, et al. Novel $CaBi_6O_{10}$ photocatalyst for methylene blue degradation under visible light irradiation[J]. *Catalysis Communications*, 2012,18：161—164.

[12] T. T. Li, L. H. Zhao, Y. M. He, et al. Synthesis of g-C_3N_4/$SmVO_4$ composite photocatalyst with improved visible light photocatalytic activities in RhB degradation[J]. *Applied Catalysis B：Environmental*,2013,129：255—263.

[13] P. Chen, J. Q. Lu, G. Q. Xie, et al. Effect of reduction temperature on selective hydrogenation of crotonaldehyde over Ir/TiO_2 catalysts [J]. *Applied Catalysis A：General*,2012,31：236—242.

[14] T. T. Li, Y. J. Wang, Y. M. He, et al. Preparation and photocataytic property of $Sr_{0.25}Bi_{0.75}O_{1.36}$ photocatalyst[J]. *Materials Letters*,2012,74：170—172.

图书在版编目(CIP)数据

物理化学实验 / 赵雷洪,罗孟飞主编. —杭州：浙江大学出版社，2015. 1(2022. 7 重印)

ISBN 978-7-308-14314-1

Ⅰ. ①物… Ⅱ. ①赵… ②罗… Ⅲ. ①物理化学—化学实验—高等学校—教材 Ⅳ. ①064 - 33

中国版本图书馆 CIP 数据核字 (2015) 第 004241 号

物理化学实验(wuli huaxue shiyan)

赵雷洪　罗孟飞　主编

策 划 者　季　峥

责任编辑　季　峥(zzstellar@126. com)

封面设计　刘依群

出版发行　浙江大学出版社

(杭州市天目山路 148 号　邮政编码 310007)

(网址：http://www. zjupress. com)

排　　版　杭州林智广告有限公司

印　　刷　广东虎彩云印刷有限公司绍兴分公司

开　　本　787mm×1092mm　1/16

印　　张　7. 75

字　　数　190 千

版 印 次　2015 年 1 月第 1 版　2022 年 7 月第 3 次印刷

书　　号　ISBN 978-7-308-14314-1

定　　价　20. 00 元